水が語る京の暮らし

――伝説・名水・食の文化――

鈴木康久

白川書院

はじめに

水の文化的価値を知ってもらうために、京都が「水の都」であることを伝えるように心がけている。都としての条件を「水の政《まつりごと》」や「水を尊ぶ精神」において日本の中心であること。そして、人・物・情報が集まる中で、「新たな水文化を創造し発信する」ことならば、まさに京都は「水の都」と言えよう。このことを最後の章で「水の神と京都」「平安京の水路計画」「豊富な地下水と京文化」の三つの特性として述べてみた。それぞれが千年の都である京都でしか成しえない特性であり、後世へと伝わり新たな文化の創造につながればと願っている。

特性を詳しく調べていくと、それぞれに貴族の暮らしぶりや町衆の息吹を感じることができる。桓武天皇が楽しんだ禁苑「神泉苑」には、千年の時を超えて町衆の願いを込めた祇園祭の神輿が今も巡行している。平清盛も計画したと伝わる京都の水源「琵琶湖疏水」が明治期に建設され、水運だけでなく防火や発電に役立ち、新たな造園様式をも生みだしてきた。京都を囲む鴨川や桂川、宇治川には、船遊びから禊ぎの儀式、舟運の歴史が刻まれている。井戸も同様である。三十万人が暮らしていた都には数万もの井戸があり、その一つひとつに些細な物語が生まれ、より多くの人に知られることで名水となる。そんな名水を江戸時代の地誌を用いて、テーマに応じて紹介してみた。内容は多岐に渡るが、本質は一つである。

水と暮らしについては、豊臣秀吉の知恵袋と言われた黒田如水の座右の銘「水五訓」で知られるように、流体としての特性を用いて論じられることも多い。大学院時代に水文学《すいもんがく》・流体力学を学び、環境にやさしい水路づくりを生業《なりわい》としていた小職が水の文化を伝えることとなったのは、二〇〇三年に京都で開催された「第三回世界水フォーラム」が契機となった。水の貧困や不平等はセーフティーネットを考える上で最も重要な課題ではあるが、社会情勢に関わりなくそれぞれの暮らしの中で育まれた水文化は次世代へと伝わっていく。その一つひとつに小さな幸せがあり、大切なメッセージが隠されている。千二百年の暮らしを積み重ねる中で育まれてきたメッセージ・「京都の水文化」を、世界の方々に知っていただきたいとの想いを込めた。本著を手にとっていただいた方に、小さな幸せを感じてもらえればこれに勝ることはない。

鈴木　康久

水が語る京の暮らし

――伝説・名水・食の文化――

目次

第二章

第三章

第四章

第五章 京の水 三つの特性……177

第一章

京の人びとと水

章扉：『林泉名勝図会』巻一「神泉苑御遊」
（国際日本文化研究センター所蔵）

〈第1章関連マップ〉

井戸が支えた都

豊かな水を抱える京都

◆琵琶湖に匹敵する水

環境をテーマにしたラジオ番組で「京都の水」について話をする機会があった。レポーターの方からの最初の質問は、「京都盆地の下には、琵琶湖と同じ水量の水があるんですよね」である。この時だけでなく、井戸の写真を撮っていただいたカメラマンや講演依頼のあった資料館の方などから聞く同じ言葉。恐るべしＮＨＫ。二〇〇二年に放映されたＮＨＫスペシャル番組「アジア古都ものがたり～京都　千年の水脈～」の影響力は多大である。かくいう私も、興味津々で鴨脚《いちょう》慶夫氏のお宅を訪ねた。

下鴨神社（左京区下鴨泉川町）の社家である鴨脚さんに、鴨川と同じ水位を示し、御所の井戸とも繋がっているといわれる井戸（泉）を見せていただく。水は涸れているが、木立の中でしっかりとその存在感を示している。鴨脚家のお庭には、この井戸から五メートルほど離れた場所に、地下水を汲みあげたコンクリートの池があり、色鮮やかな鯉が泳いでいる。先祖から受け継いだ井戸をそのまま残したいとの想いが伝わってくる。この行為が古都・京都の魅力であり、不思議でもある。

では、実際に京都の地下水はどうなっているのだろうか。

江戸時代以前を知るには、文献が少ないため自ずと発掘調査の結果に頼ることとなる。発掘調査の担当者にお聞きすると「京都は井戸跡（土抗跡を含む）や柱跡ばかり」とのこと。

二〇〇二年八月の新聞には地下水に関する興味深い記事が掲載されている。その内容を抜粋すると「一〇〇〇年間　深さ一定　豊かな地下水　～平安から江戸期の井戸四〇基出土～。京都市中京区元

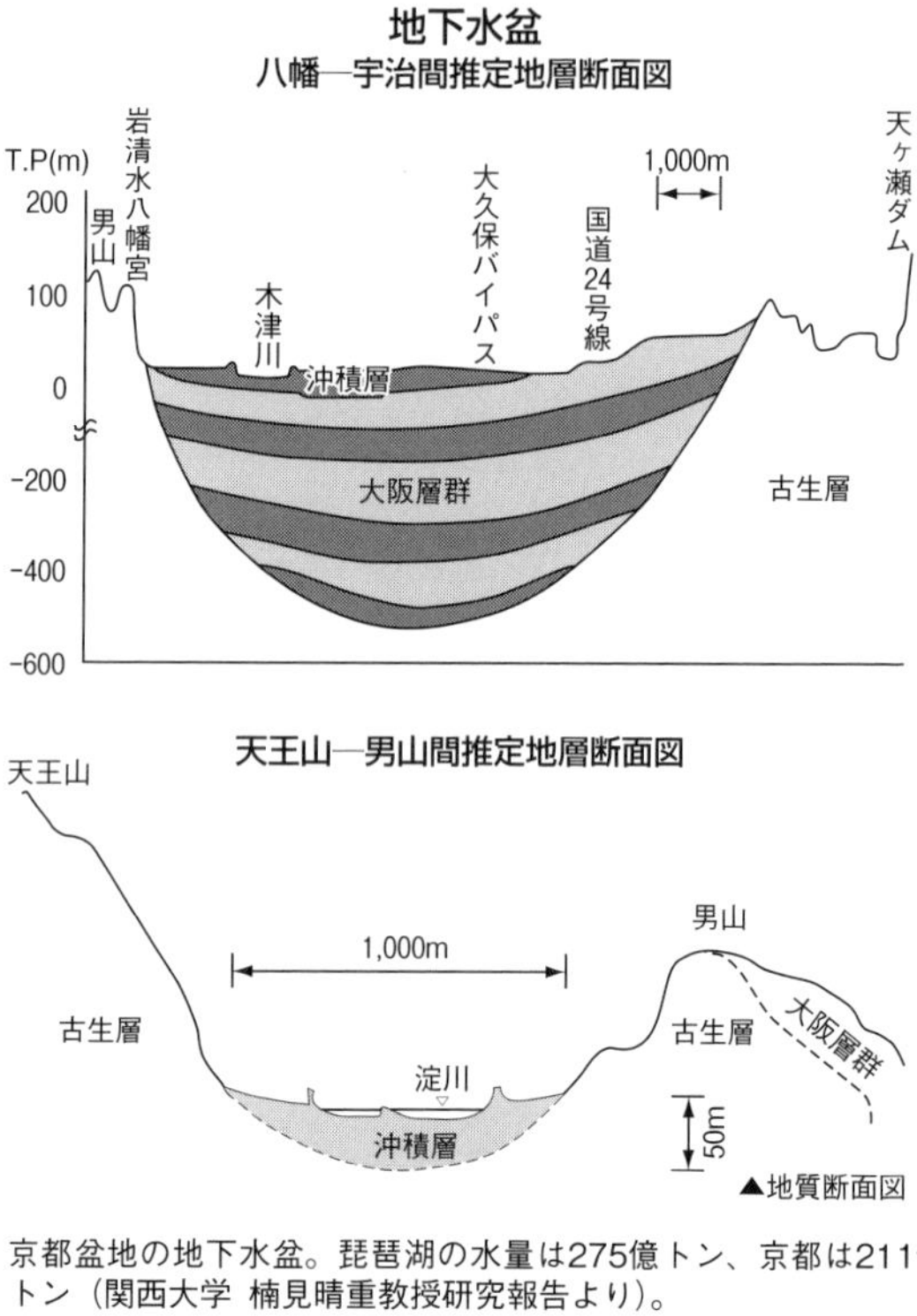

京都盆地の地下水盆。琵琶湖の水量は275億トン、京都は211億トン（関西大学 楠見晴重教授研究報告より）。

梅屋小の一四〇〇平方メートルの調査で、平安時代の木枠の井戸から、中世や江戸時代の石組み井戸が見つかる。井戸の底までの深さはいずれも地表から三、四メートルしかなく、千年以上もの間、地下水は一定で、付近の地下水が豊富だった」とまとめている。この調査地は、御所の西側にあり、まさに都の中心。このような井戸跡の調査結果は資料館などで数多く見ることができる。

御所三名水の一つ、梨木神社（上京区寺町通広小路上ル染殿町）の「染井」。

◆名水と井戸の深さ

現在の井戸の状況を訪ね歩いてみる。京都の街中で昔のように三メートルの場所から湧き出ている井戸を見ることは少ない。この理由は、街の表面がアスファルトやコンクリートなどで覆われ地下へ雨水が浸透できなくなったこと。鴨川などの河川が洪水防止のために河床が掘り下げられたことが考えられる。しかし、嘆くことはない。京都は多くの名水を楽しむことができるよい街である。京都に住んだことがある人なら、近所に一つや二つは名水を汲むことができる神社や老舗があり、その名水をポリタンクに分けてもらっている人が多いことを知っているはず。

多くの人で賑わう錦天満宮（中京区新京極通四条上ル）の「錦の水」。

中でも名水を汲みに来る人が多いことで知られているのは、御所の東に位置する梨木《なしのき》神社の染井ではないだろうか。御所三名水の一つとして知られる染井の横には、「当社境内は、九世紀後半に栄えた藤原良房の娘明子《あきらけいこ》の里御所の址で、この良房の屋敷を染殿と称し……」との説明書きがある。宮司のお話では「井筒を覗くと水面が見える」とのこと。井戸の深さは八メートルまでであろう。

この染井のように鴨川と御所の間の通り沿いには、誰もが気軽に飲むことができる名水が多い。上流から紹介すると、下鴨神社の下流、出町橋付近にある弁財天（出町妙音堂）にある御手洗水。先に紹介した染井。丸太町通の南側にあり、平成四年に掘り直された下御霊《しもごりょう》神社（中京区寺町通丸太町下ル）の御手洗水。この井戸の深さは八メートルとお聞きした。

時代を感じさせる井筒「天之真名井」（市比賣神社）。

下御霊神社から一キロメートルほど南に下がると錦天満宮の「錦の水」を飲むことができる。京都の台所である錦小路通と新京極通の交差する場所に湧く名水は、街行く人のオアシスとなっている。この「錦の水」の深さは三十数メートル、昭和に入ってから掘られた名水である。

さらに一キロメートルほど南に歩くと、市比賣《いちひめ》神社（下京区河原町通五条下ル一筋目西入ル）の「天之真名井《あまのまない》」がある。高《たか》天原《まのはら》にあった井戸の名前をいただいた名井は、その格式に相応しい歴史を持っている。清和天皇（八五八年）から後鳥羽天皇（一一八三年）まで歴代の皇族が産湯として使ったと伝わっており、豊臣秀吉によってこの地に移されてからも多くの人に親しまれてきた。この名井も近年に掘り直されて

鴨川沿いの名水位置図（井戸の深さ）

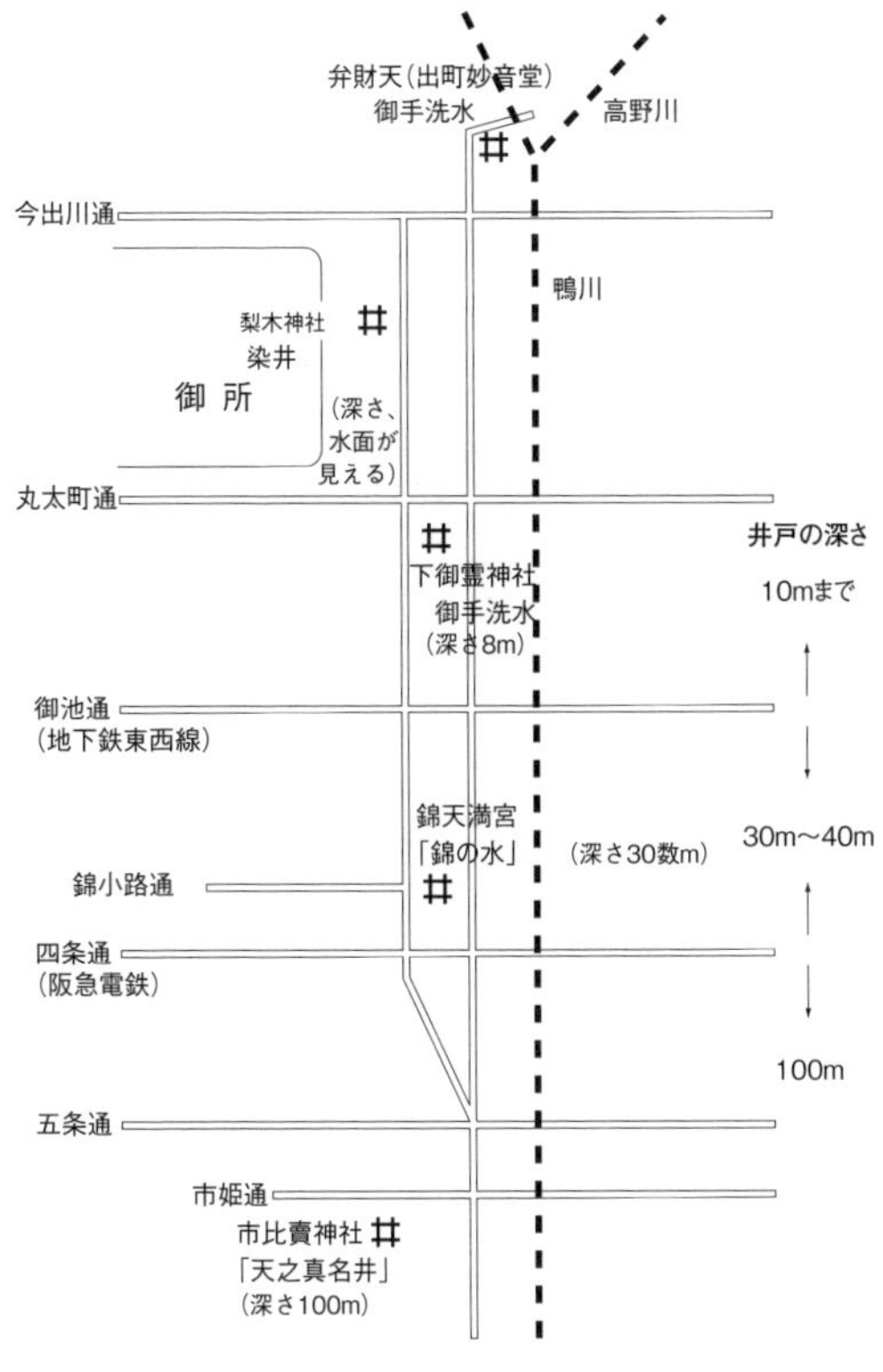

おり、なんとその深さは百メートルとのこと。

このように、京都の名水は地下水位の低下とともに涸れ、近年に再興された井戸が多い。また、名水が社寺に多いことも、その特徴の一つといえる。注目すべきは、これらの井戸の深さである。御所の周辺（上京）の井戸の深さは十メートル程度。京極（中京）が四十メートル程度。四条通から下がる（下京）と百メートル。地域によって大きな違いがあることが分かる。汲みだす水量も関係するのだろうが、このような傾向は烏丸通筋や堀川通筋でも見られる。江戸時代までは、三メートルほど掘れば京都のどこでも得ることができた井戸水。今は、個々の家庭が暮らしに井戸水を使うことの難しい時代である。

この井戸水の使用に、近年、変化が見られる。昔から豆腐屋や風呂屋、染物などに使われていた井戸水を、ホテルやデパートが使い始めている話を見聞きすることが多くなった。水道代などの経費の削減が主な目的であるが、その一方で井戸水のおいしさや環境へのやさしさも重要な要因の一つとなっている。水に対する意識の変化であろうか。

琵琶湖に匹敵する水を抱える京都盆地。これから、この地下水が時代の変化に伴い、私たちの暮らしにどのように関わってくるのか、考えるだけでも楽しみなことである。

※鴨脚慶夫氏は二〇〇六年に鬼籍に入られました。慎んでご冥福をお祈りいたします。

桓武天皇が愛した禁苑

「神泉苑」の歴史と今

◆歴代天皇と神泉苑

京都で観光客の最も多い季節が秋、それも紅葉の時期である。人々が景勝地を楽しむことは、今に始まったことではない。歴代の天皇も神泉苑や大原野など各地に行幸し、雅宴を楽しんでいた。都を造営した桓武天皇が、初めて「神泉苑」に行幸《ぎょうこう》したのは、平安京が造営されて六年後に当たる延暦十九年（八〇〇）である。この頃、都では色鮮やかな建物が建ち並び、都の都市機能が整ってきたのであろう。その一つとして、池を中心に殿舎を配した神泉苑も完成したと思われる。神泉苑は唐の玄宗皇帝が造営した興慶宮《こうけいきゅう》に倣い、唐風様式の乾臨閣《けんりんかく》や釣殿、滝殿などが池の北側に建てられたと伝わっている。

桓武天皇は、よほど神泉苑を気に入っていたのであろう。延暦二十一年（八〇二）には、九回もの行幸を行っており、平安時代に編纂された歴史書『日本紀略』には、「二月戊子朔。幸神泉。六日。々々

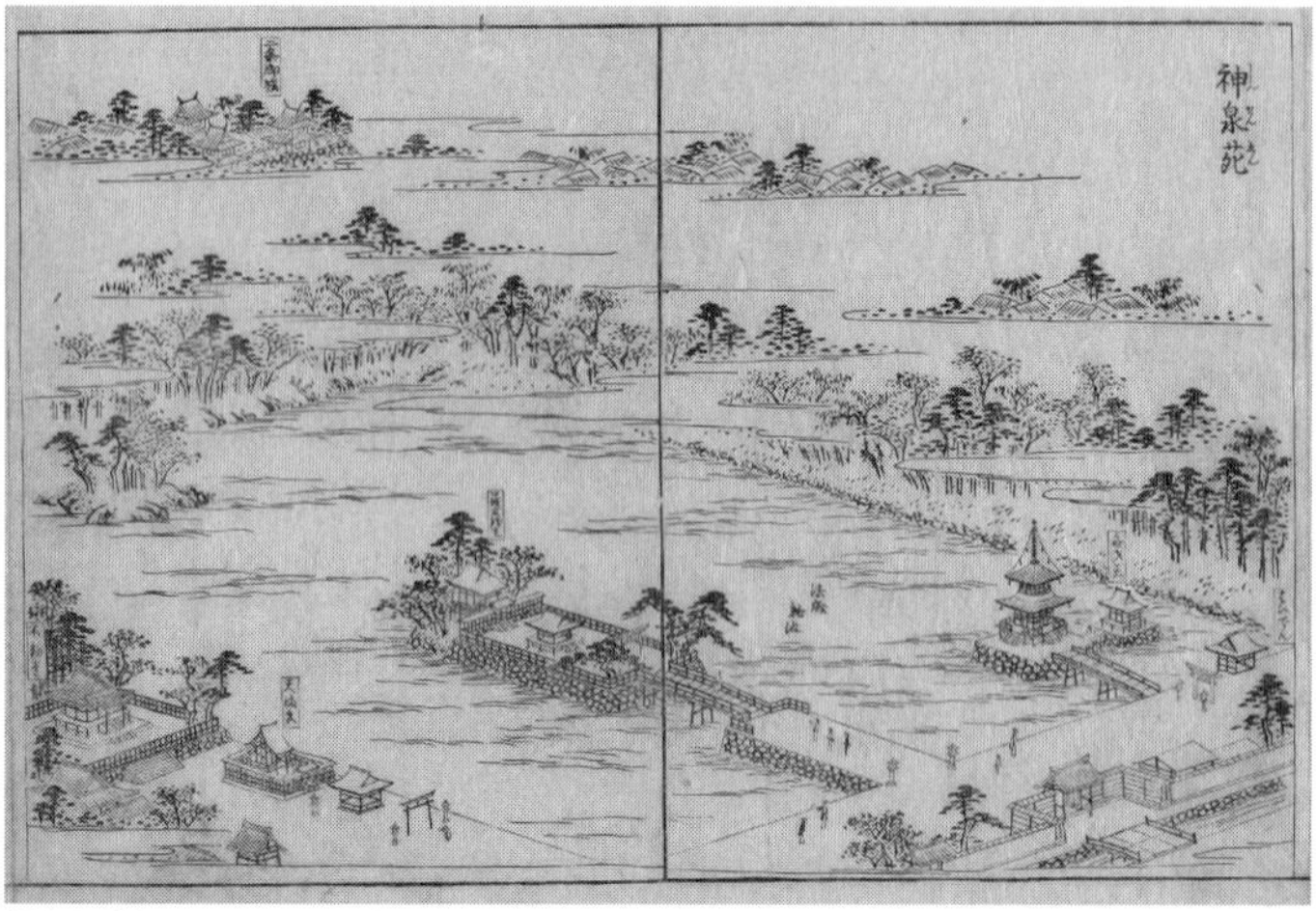

「神泉苑」。池の中央には善女龍王が祀られている。
『都名所図会』巻一（国際日本文化研究センター 蔵）。

泛舟。曲宴。十二日、幸神泉、十六日。幸神泉。三月十一日。幸神泉。十三日。遊猟水生野。十七日任官。」とある。

その後の天皇も行幸を行っており、平城天皇が大同三年（八〇八）に五回の行幸。相撲を観覧した後、賦詩を行っている。平城天皇の後に即位した嵯峨天皇に関する記述としては、弘仁二年（八一一）五月十二日「幸神泉苑。帝自茲以降。毎至假日。避暑於此」とあり、避暑地としての役割も果たしていたことが分かる。仁明天皇の承和三年（八三六）の記述には「放隼」の言葉が四回見られ、水鳥を百八十羽獲ったとある。

神泉苑には遊猟にまつわる物語が多い。謡曲「鷺」で知られるように、醍醐天皇の勅諚《ちょくじょう》（帝の命令）に従い舞い戻った鷺に五位の位を与えた話や、鵜が池からくわえてきた太刀を白河院が「鵜丸」と名づけ、その太刀を保元の乱の褒賞として源為義が賜る話が伝わっている。これらのことから、神泉苑は、平安時代においては歴代の天皇にとって船遊びや賦詩などの唐風文化を楽しむ地であり、また、遊猟の地でもあったことが分かる。

現在の神泉苑（中京区御池通神泉苑町東入門前町）を知っている方なら、それほど大きな苑でもないのに、何故、歴代の天皇が幾度となく訪れたのだろうと、不思議に思われるかもしれない。

平安の昔は、南北を二条通と三条通、東西を大宮通と美福《びふく》門《もん》通に囲まれた約八万平方メートルの広大な禁苑であった。現在の神泉苑が約七千平方メートルであるから、なんと十倍以上の広さである。小さくなった経過の一つとして、地下鉄「二条城前」の地下道にある説明書きに、「二条城の敷地は、神泉苑の北部を取り込み、二十万平方メートル余りの広大なものです」とある。これは、徳川家康が二条城の築城の際に、神泉苑の水源であった「神泉（湧水）」を城内に取り込んだために、神泉苑はそれによって苑地の四分の一を失うこととなった。家康にとっても、水源を意のままにすることは重要なことだったのであろう。

法成就池に浮かぶ龍頭船。

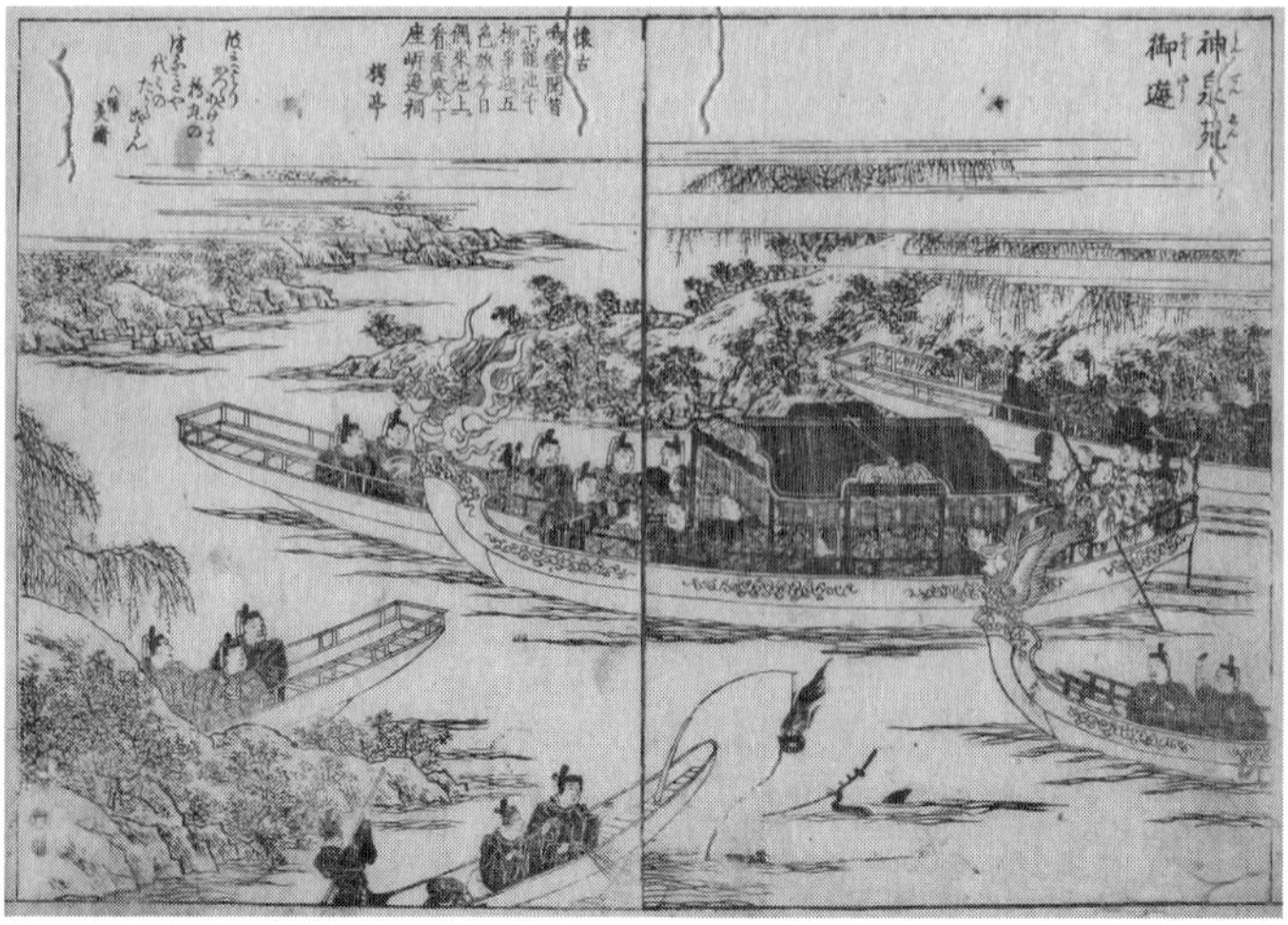

「神泉苑御遊」。『林泉名勝図会』巻一（国際日本文化研究センター 蔵）。

しかし、築城を行った初代所司代の板倉勝重は、神泉苑の縮小荒廃を惜しみ、復興を図るために堂塔の整備や池中の島に善女龍王《ぜんにょりゅうおう》を祀っただけでなく、東寺の管轄寺院「神泉苑」として寺領四十石を付することとした。現在も二条城の御堀から流れ込む水と地下水によって、神泉苑の法成就池《ほうじょうじゅいけ》の水は満たされており、築城工事の補償は今も生きている。本当に大切なものは、引き継がれていく事例の一つであり、補償の歴史を繙《ひもと》く上でも重要な史実ではないだろうか。

◆神泉苑の二つの役割

神泉苑と水との関わりを示す際に、忘れてはいけないことが二つある。その一つが祈雨である。『今昔物語集』には、天長元年（八二四）に弘法大師空海が、北天竺から善女龍王を勧請し、都に雨をもたらした話が記されている。この祈雨の記述を『日本紀略』に求めると、弘仁十年（八一九）が初見で「五月十七日。幸神泉。奉幣貴布禰社。祈雨」とある。農耕民族にとって、豊かな実りをもたらす雨を意のままに操れることは大切なことであり、この術の一つに密教があった。鎌倉時代までにこの地で雨乞いや止雨を行ったと伝わる僧侶は、恵運、常暁、真雅、救世、益信、観賢、仁海など二十名以上である。いかに、この地が密教にとって重要な地であったかが分かる。

もう一つが、日照り続きで都人が飲み水に困った時に、汲むことができる水瓶としての役割である。『三代実録』によると貞観四年（八六二）「九月十七日。京師人家井泉皆悉枯竭。所有水之処。（中略）勅開神泉苑西北門。聴諸人汲水」とある。この後、元慶元年（八七七）、延長八年（九三〇）など、たびたび開放されている。

大内裏、神泉苑、二条城の位置関係

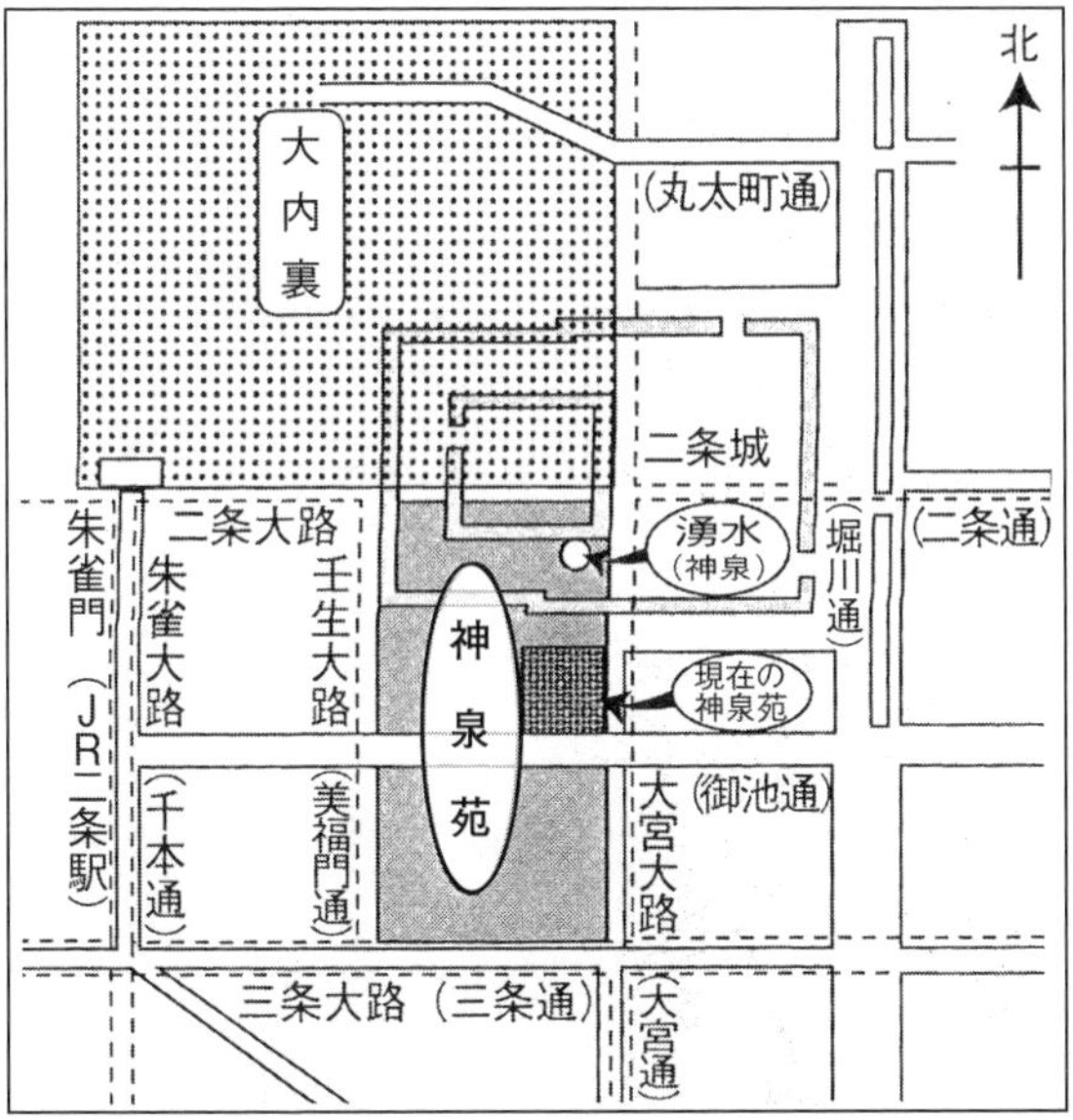

今も、神泉苑の周辺は地下水が豊富なのであろう、数年前までは苑の西側の民家にあるガッチャンポンプで地下水を汲み出すことができた。

京都の中心に位置する御池通。この御池とは神泉苑の法成就池のことであり、市民が気軽に訪れることができる街中のオアシス「神泉苑」。その池の島には雨の神である善女龍王が祀られ、池には龍頭舟が浮かんでいる。京の水文化を語る上で、とても大切な場所である。

「味」をとるか、「名」をとるか

京都人の好む水

◆現代人が好む水

夏の日、冷たい井戸水で喉を潤すと、水の神様から元気を分けていただいた気分になる。それが名水であれば、なおさらのこと。井戸水は「夏は冷たく、冬は温かい」と言われるが、これは水道水と比較してのことであり、京都の井戸水は十六℃から十七℃と一年を通して同じ温度である。この水温は年平均気温と関係が深く、沖縄では二十二℃前後、北海道では九℃前後と各県で異なる。

水のおいしさを左右するのは水温であり、ペットボトルで売られている名水であっても「ぬるい水は、おいしくないよね」との話をよく耳にする。しかし、水の味は水温だけでは決まらない。数十年前、琵琶湖の水質が悪化し、京都の水道水もカビ臭や生ぐさ臭のために敬遠されていた。このような状況は日本各地で見られ、水に関する価値観の変化に対応するために、旧厚生省が「おいしい水研究会」をつくり、昭和六十年に、おいしい水の条件を定めた。

おいしい水の条件

水質項目	おいしい水の要件	備　考
蒸発残留物（mg/ℓ）	30～200	水を蒸発させて残ったもので、ミネラルや有機物の含有量を示す。量が多いと苦み、渋み等が増し、適度に含まれると、こくのあるまろやかな味がする。
硬　度（mg/ℓ）	10～100	ミネラルの中でも量的に多いカルシウム、マグネシウムの含有量を示し、適度に存在するとまろやかな味がする。硬度の低い水は癖がないが淡白で、高いと好き嫌いが出る。マグネシウムの多い水は苦みを増す。
遊離炭酸（mg/ℓ）	3～30	水に溶けた炭酸ガスのことで、水にさわやかな味・清涼感を与える。多いと刺激が強くなる。
過マンガン酸カリウム消費量（mg/ℓ）	3以下	水の汚染の指標になる物質で有機物の量を示す。
臭気度	3以下	測定しようとする水を無臭の水で希釈し、無臭になったときの希釈倍率で表す。
残留塩素（mg/ℓ）	0.4以下	消毒用に使用された塩素の量で、濃度が高いと味を悪くする。
水　温	最高20℃以下	水のおいしさに大きく影響する。夏は冷やすとおいしく飲める。

出典）旧厚生省・おいしい水研究会　1985年4月24日答申

条件は七項目に分けられ、水のまろやかさを感じるミネラルの含有量、水の軟らかさを示す硬度（カルシウムとマグネシウムの含有量）、さわやかさを感じる遊離炭酸の量の他、水の汚れを示す有機物の量や臭気、残留塩素も指標となっている。最後の指標が水温に関する項目であり、「二十℃以下だとおいしい」とされている。これらの条件を満足しているのが、市内に百以上もある「京都の名水」である。

地下水脈図を見ると、京の街中にある名水は、鴨川を起点に北東から南西に流れる水脈上にあり、鴨川の水質の影響を強く受けていると思われる。まさに、私たちにとっての母なる川「鴨川」である。

一方、快適で安心して飲める水を提供することが水道の役割であり、旧厚生省が示すおいしい水を供給するために、粉末活性炭の注入などさまざまな取り組みを進めてきた。その結果、今では京都市の水道水が、そのおいしさをPRするために「京の水道　疏水物語」としてペットボトルで販売されている。

街中にある名水を「おいしい……健康によい」とポリタンクに汲んで持ち帰る多くの人たち。そして、日本最大の湖である琵琶湖を水源に持つ水道と、京都は世界でも有数の水に恵まれた都市と言える。

◆平安貴族が好んだ水

水に対する想いは、何も今に始まったことではない。平安時代の女官《にょかん》で中宮定子《ていし》に仕えた清少納言が記した『枕草子』にも、井戸に関する記述がある。「井は　ほりかねの井。

地下水の流れ

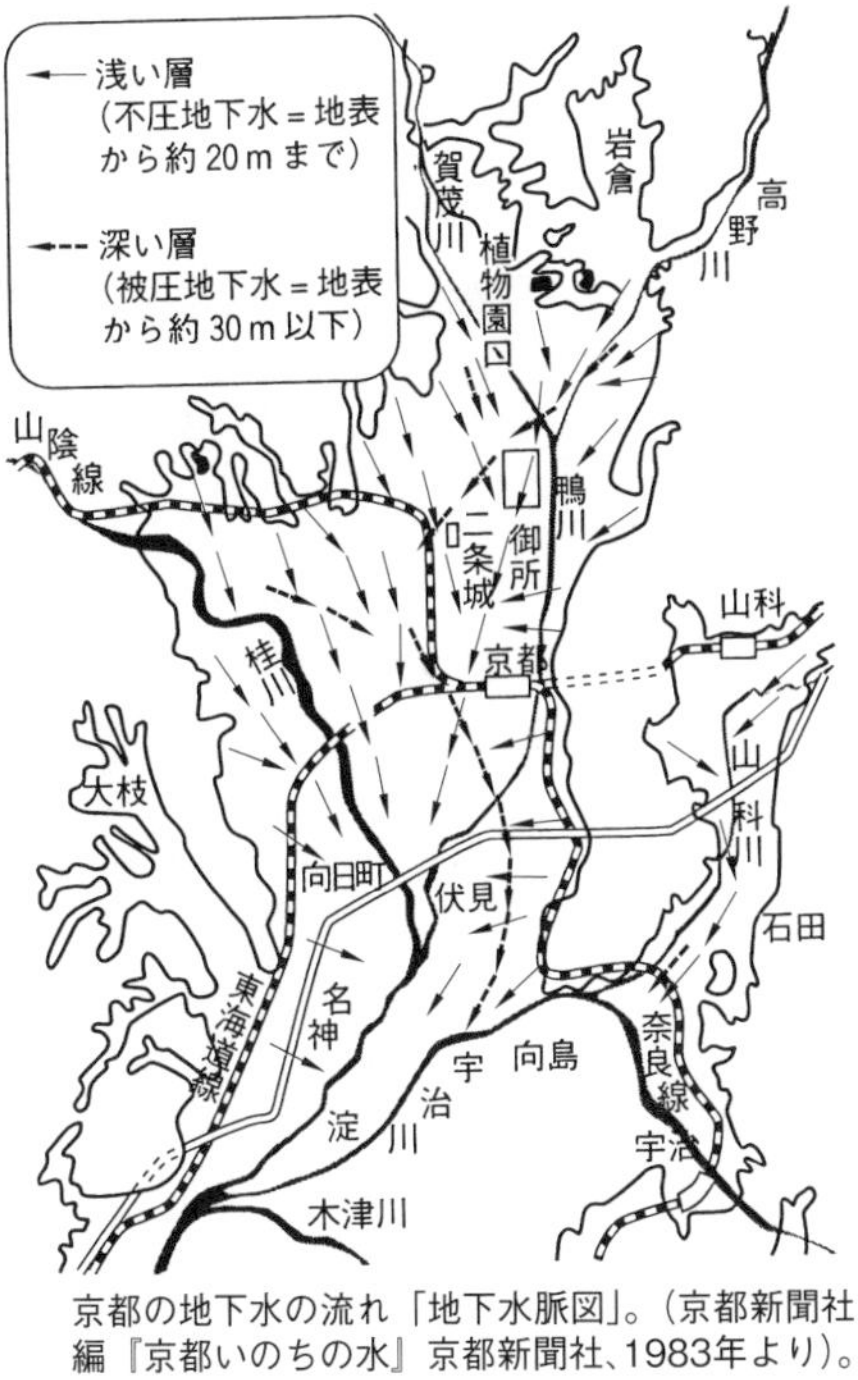

京都の地下水の流れ「地下水脈図」。（京都新聞社編『京都いのちの水』京都新聞社、1983年より）。

ペットボトルで販売されている水道水「京の水道　疏水物語」。

玉の井。走り井は逢坂なるがをかしきなり。山の井、などさしも浅きためしになりはじめけん。飛鳥井は『御水も寒し』とほめたるこそをかしけれ。千貫《ちぬき》の井。少将の井。桜井。后町《きさきまち》の井」と紹介している。

この九つの井戸のうち、「山の井」から後に記述されている六つの井戸が京都の名井だと考えられている。

特筆すべきは、筆頭に紹介されている「ほりかねの井」が、武蔵野（現在の関東西部）にある降り井戸を示していることである。平安時代の都人にとって異国にある関東の井戸を最初に記述しているのは、見知らぬ物に対する憧れとも言える。これは、鎌倉初期の歌人・藤原俊成が詠んだ和歌「武蔵野の堀兼の井もあるものを　うれしく水の近づきにけり」が『千載和歌集』に記されているだけでなく、『平治物語』、『俊頼集』（源俊頼）、『山家集』（西行法師）、『拾玉集』（慈円）などの文献にも「ほりかねの井」が散見されることからも分かる。このことから、清少納言が選定した名水の基準は、健康によい水やおいしい水ではなく、歌で詠まれるなど誰もが訪れたいと願った名所であったと推察される。

清少納言が記した、京都の六つ井戸について調べてみた。元禄三年（一六九〇）に書かれた『名所都鳥』を読むと、

「『山の井』　東山霊山にあり。いにしえ山の井中勢此所に生まれし事。……」

飛鳥井（白峯神宮：上京区今出川通堀川東入ル）。

「『少将井』　烏丸二条の北にあり、いにしえ少将の尼の屋敷のあとに有井なり。今は人家の中に有。中頃祇園三社の御輿祭礼の日。稲田姫の御輿。たまたま此所にやすらひ給ふこれよりこの神を。少将殿といひならはせり。……」

『飛鳥井』歌には、玉葉　雅明親王　假染と思ひし物をあすか井の御秣かくれ幾夜ねぬらん……」

と三つの井戸を紹介している。

　桜井は、寛政五年（一七九三）に書かれた『都花月名所』に、「一條西陣也櫻井辻子」とある（他説として、「桜水、松崎」）。しかし、千貫の井、后町の井などについての記述は、江戸時代の文献には見当たらない。この二つの名井は、江戸時代にはなくなっていたと推察される。郷土史家の駒敏郎氏によると、「千貫の井」は、東三条の廃角振社跡。『今昔物語集』

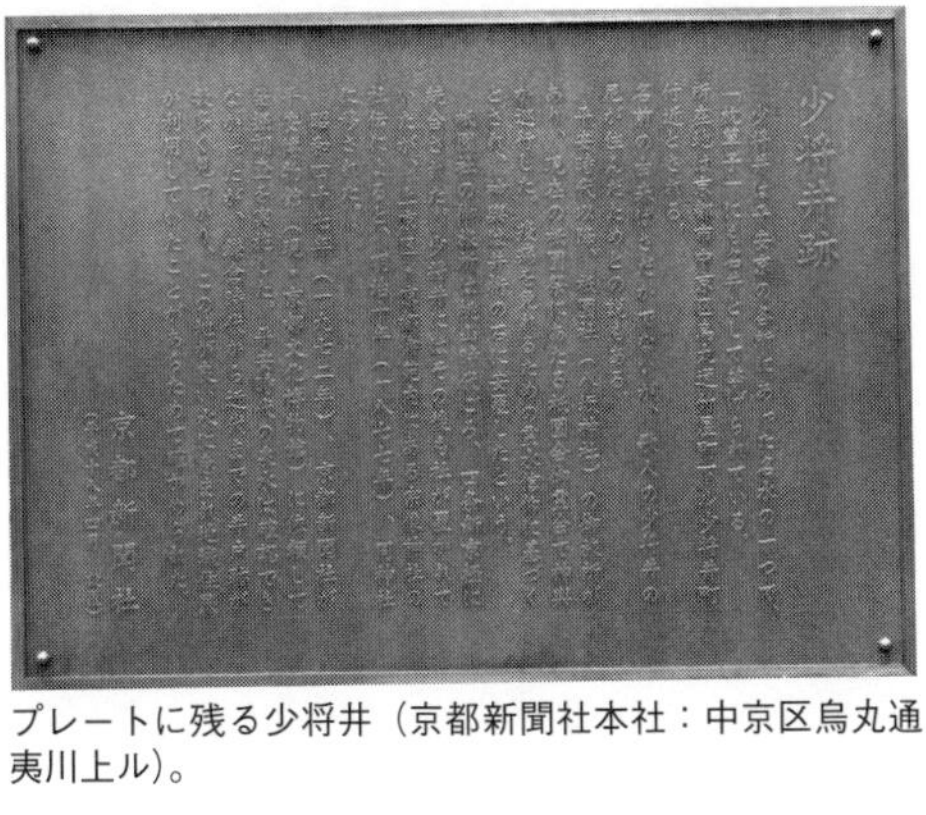

プレートに残る少将井（京都新聞社本社：中京区烏丸通夷川上ル）。

にも記述のある「后町の井」は、内裏の常寧殿《じょうねいでん》と承香殿《しょうきょうでん》をつなぐ后町廊《きさいまちろう》の東側とのことである。

清少納言が九つの井戸を選んだのは、今から千年も前のこと。個々の井戸のいわれについてはっきりしないのも当然かもしれない。

平安の昔は、訪れたいと願う井戸があり、今はおいしい水を求めて人々が井戸に集う。千年後の人々を魅了するのは、どのような井戸であろうか。

神社でアニマルウォッチング

「手水舎」を彩る神の使い

◆手水舎の亀と兎

神社に参拝する際、穢れを祓うために立ち寄るのが「手水舎《てみずしゃ》」（※「ちょうずや」ともいう）である。身を清めるよりも水の心地よさに引かれ、まず、飲みたい、と柄杓で水をいただく私は罰当たりかもしれない。この手水舎に多く見られるのが龍。言うまでもなく龍は水の神様でもあり、なんとも相応しい場所に鎮座されている。

しかし、手水舎は龍ばかりではない。ここで登場するのが「眷属《けんぞく》」と呼ばれる「神様の使い」である動物たち。京都で「動物に関わりの深い井戸は」と訊ねると、松尾大社の「亀の井」と答える方が多い。石で造られた亀の口から流れる名水を、多くの雑誌が紹介するからであろう。いつの頃に亀が置かれたのかが気になり、お年寄りに聞くと「子どもの頃にあった。周りで遊んだ」と言われる。社務所で訊ねると「明治の頃ではないでしょうか」との返事。昭和八年に井上頼寿が記した『京都民俗志』

動物が居られる手水舎

動物	社寺等
亀	亀の井：松尾大社（京都市西京区） 量救水（京都市山科区）
兎	岡崎神社（京都市左京区） 桐原水：宇治神社（宇治市）
鹿	大原野神社（京都市西京区）
猪	護王神社（京都市上京区）
狐	伏見稲荷大社（京都市伏見区）
牛	北野天満宮（京都市上京区） 菅大臣神社（京都市下京区）
虎（白虎）	平安神宮（京都市左京区）
龍	東本願寺（京都市下京区）、他多数
その他	カエル：玉津岡神社（井手町） ナマズ：桑田神社（亀岡市） 乳　房：市杵島姫神社（亀岡市）

には、動物の章で「社務所にある手洗水は青銅の亀の口からでている」とある。このことから約百年前から亀が置かれ、それも複数であったと推察される。今も松尾大社には二つの手水舎がある。本殿に向かって右前にある亀には昭和三十五年五月、水盤を囲う枠には嘉永五年（一八五二）三月と「京造酒屋中」などの文字が彫られている。雑誌でよく紹介される手水舎は本殿の右奥にある滝御前の入り口にある。年号は見あたらないが、奉納者に江戸時代をうかがわせる名前が見られる。水盤は酒樽の形状をしており、酒造りの神さまに相応しい手水舎と言えよう。

イソップ物語なら、亀と言えば、次は兎が出てくる。競争した話は聞かないが、兎を神のお使いとしているのが岡崎神社（左京区岡崎東天王町）である。岡崎神社は、桓武天皇の平安京遷都の際に、王城鎮護のために都の四方に建てられた神社の一つとされる。手水舎は鳥居を入った左と、本殿に向かって右側の二ヵ所にある。本殿の側の手水舎に、黒御影石で造られた立ち座りの兎が置かれている。社務所の方に「戦前は青銅の兎でした。今のは平成に入ってからです」と教えていただく。手をヒョンと前に出した姿がヒョウキンで何とも今風。女の子に人気があるのではないだろうか。他に兎で知られるのが宇治神社。青銅で造られた兎は、今にも走り出しそうに見える。長く細い耳、表情、後ろ足の爪までリアルに表現されている。前述の『京都民俗志』に「桐原日桁宮《ひげたのみや》宇治神社においては、手洗所に桐原水を引き、その水は青銅製の兎の口から出るようになっている」とある。この言葉を裏付けるかのように水盤には桐原水と彫られている。残念ながら、今は水道の水を使っているとのこと。

松尾山から湧き出る神水「亀の井」（松尾大社：西京区嵐山宮町）。

かつては宇治神社に湧き出る桐原水を楽しむことができたという（宇治神社：宇治市宇治山田）。

◆手水舎のさまざまな動物

干支をキーワードに手水舎を探してみる。亥の年には必ずテレビで紹介される護王神社には、猪の手水舎がある。宇治神社と同じように前足を水盤に置き、やはり走っているように見える。口から水を出す姿も同じで、写実的に表現するならこの形状だと妙に納得してしまう。

平成11年に鎮座された猪。本殿の右側に石の猪を見ることもできる（護王神社：上京区烏丸通下長者町）。

少し趣向を変えて、物語的に表現される場合もある。大原野神社の鹿は巻物を口にくわえ、巻物から水が出る形状になっている。奈良の春日大社から勧請を受けた神社に相応しく、手水舎も大和風で落ち着いて見える。奈良が鹿なら、京都は牛。牛車と貴族、なんとも京都らしい。菅原道真公を祀る北野天満宮（上京区馬喰町）の境内にある二つの手水舎には、牛が置かれている。牛の口から水が出てないことが寂しいが、多くの参拝者が頭がよくなることを願いながら水を口にしている。本殿右奥の手水舎の井筒には寛文の文字が見られ、一六六一〜七二年に造られたことが分かる。年代が分かる井筒としては古い時代に分類される。

　龍のような想像上の動物は他にもある。平安神宮（左京区岡崎西天王町）の門を入って左にある白虎には、手水舎というよりも西洋の噴水に近い感じを受ける。風水四神の白虎と青龍が、シンメトリーに配置され、西洋の庭園のようでもある。締めは、お稲荷さんのキツネ。伏見稲荷大社の本殿から参道を二十分ほど上るとキツネの手水が目に入る。青銅製のキツネが、眼力社に置かれたのは百年以上も前とのこと。二千社の神社仏閣を有する京都は、手水舎一つをとっても興味がつきない街である。

巻物から流れ出る水にありがたさを感じる（大原野神社：西京区大原野南春日町）。

頭の上に宝珠をのせたキツネ。山の湧き水が引かれている（伏見稲荷大社：伏見区深草薮之内町）。

　手水の起源を知りたくなり、所作を文献に探すと

『日本書紀』の欽明天皇条に「秦大津父が馬から下りて、手を洗い口を濯ぎ、神であるオオカミの命を助ける（要約）」とある。

では、神社仏閣に手水舎ができたのはいつの頃からであろうか。室町初期に描かれた『山城国松尾神社及近郷絵図』には、手水舎はなく御手濯河の記述が見られる。他に上賀茂神社（北区上賀茂本山）・下鴨神社の古図にも手水舎は描かれていない。一方で、粟田口隆光が一四一七年頃に描いた『融通念仏縁起絵巻（下巻第十段）』には、水盤から柄杓で水をすくっている女性の姿が描かれている。このことから手水舎の起源を室町中期とするのは、いささか急ぎ過ぎの感がある。新たな資料に出合えればよいのだが。

祇園祭と二つの水

夏の祭りと水の関わり

◆神輿を清める水

山鉾や粽《ちまき》を描いた軸が床の間に掛けられる七月、京都は数百万人で賑わう祇園祭の季節を迎える。その歴史は古く諸説あるが、八坂神社（東山区祇園町北側）の社伝をまとめた『祇園社本縁録』によると貞観十一年（八六九）の天下大疫の時に神輿を神泉苑に遣わせ、悪疫退散・御霊鎮めのための「祇園御霊会《ぎおんごりょうえ》」を行ったのが起源とされる。その後、千年の時を経る中でその形態は、八坂神社から神幸される神輿祭、その神輿を迎える山鉾巡行へと分かれ、それぞれが深化することとなった。この神事と行事の二つを「清めの水」の視点から見ていきたい。

どの神社の神輿祭もそうであるように、神輿に乗り遷られた神様が氏子の安全を願い村々を巡行する。祇園祭も同様で、七月十七日の山鉾巡行が終わった後、午後六時に八坂神社を出発した「素戔嗚尊《すさのおのみこと》、櫛稲田姫命《くしいなだひめのみこと》、八柱御子神《やはしらのみこがみ》」（神仏習合時代は、牛頭天王《ごずてんのう》、婆梨采女《はりさいじょ》、八王子《はちおうじ》）の神様が、

神輿洗の神事用水清祓式（写真・井上成哉）。

それぞれの神輿に乗られて、二条通や河原町通、松原通などを進んだ後、四条寺町の御旅所《おたびしょ》に九時頃から次々に着かれる。この日から還幸祭が行われる七月二十四日まで、神様は御旅所で疫病退散を願われる。

この三基の神輿を清めるための神事「神輿洗式」は、七月十日と七月二十八日に行われている。朝、鴨川に架かる四条大橋の下流にある宮川堤で六つの桶に汲み上げた「神事用水」を八坂神社の神官が祓い清める。午後からは神輿をお迎えするために、祇園万灯会の方々が提灯行列で練り歩かれる。夕方六時になると、神輿庫から神輿が出され、東御座と西御座は舞殿に据えられる。七時頃に「道しらべの儀」が始まり、神社氏子組織である宮本組が管理する四メートルもの大松明が担がれ、その火で八坂神社から四条大橋までの道を清めた後、三つの神輿を代表した中御座を担ぎ出し、四条大橋の中央北側で神輿洗《みこしあらい》が行われる。朝、鴨川で汲まれた「神事用水」を榊に含ませ、神輿へ注いで清められる。四条大橋は、この飛沫を浴び、厄除けを願う人々であふれる。同様の儀式が、七月二十八日にも行われる。この「神事用水」について、『京都民俗志』（一九三三年）には、「社家の説に、その水は東山区宮川筋一町目の井戸を用いる例になっていた。……一説に御輿洗に使用する水は前日深夜、加茂川の川心の水を水槽に数荷汲み、川端に置いて用いるのが古式であるという。……御輿洗いをする場所は明治時代には東山区川端通り四条下がった所で行ったが、現今は四条大橋の上で行うようになった」とあり、時代に応じて変化していることが分かる。この神輿洗に関する一連の神事は、鴨川から水の神をお迎えする民俗行事とも考えられており、古い形態の神事との融合がみられる。

◆神輿を迎える水

御旅所も水と関わりが深い。豊臣秀吉が四条京極に御旅所を移すまでは、「大政所《おおまんどころ》御旅所」（下京区烏丸通仏光寺下ル東側大政所町）と「少将井《しょうしょうい》御旅所」の二ヵ所に神輿が安置されていた。この一つ、少将井御旅所について『社家条々記録』（一三二三年）に「保延二年、冷泉東洞院方四町を旅所之敷地として寄付さらる、少将井と号し、婆梨女御旅所、当社一円神領なり」とある。この御旅所について『雍州府志《ようしゅうふし》』（二）は、婆梨采女神輿の神幸に際して『後拾遺和歌集』の作者の一人である歌人、少将井の尼の家にある「少将井」の上に神輿が偶然に置かれ、以後、この井戸の上に置くのが恒例になったと伝えている。井戸の上に神輿が置かれる行為は、不思議なようにも見えるが、婆梨采女が南海に住む龍王の娘であることを思うと、霊水を求める龍女の姿が見え隠れし、妙に納得してしまう。平安の昔から豊臣秀吉が御旅所を一ヵ所にするまで、「還幸祭」で神輿が巡行するコースのうち、神泉苑

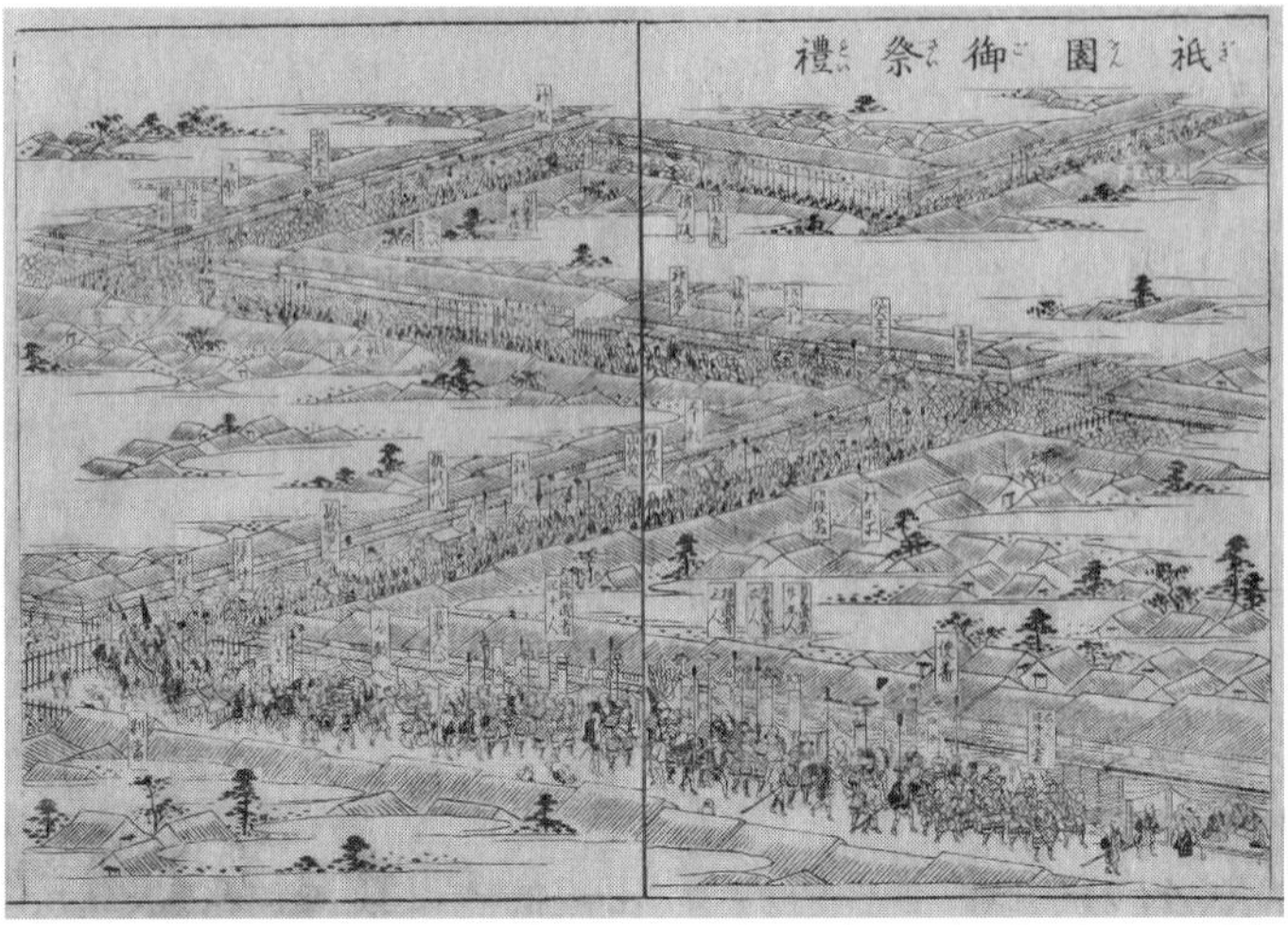

「祇園御祭禮」。還幸祭での神輿巡行。『拾遺都名所図会』巻一（国際日本文化研究センター 蔵）。

の中に入っていくのが三基の神輿の中で「婆梨采女神輿」だけであったことも、龍女の特権であろうか。ただ、『拾遺都名所図会（巻二）』によると吉田兼邦の『兼邦百首』（一四八六年）を引用し「少将井と申すは八王子なり、とりわき大己貴命なり」とあり、百年の間に神幸する神様が変わったのかもしれない。さらなる研究が必要である。現在はというと、素戔嗚尊が乗り遷られた中御座だけが神泉苑の鳥居の前へと神幸されている。時代に応じて神様にも変遷が見られる。

神様をお迎えする山鉾町にも、鉾の名前になっている「菊水」を始め祇園祭と関わりの深い名水がいくつか見られる。「菊水」は移転する前の金剛能楽堂の舞台横にあった。この地は、室町期の茶人である武野紹鷗《たけのじょうおう》が、えびす様を祀る社の横にある井戸を気に入り、庵を構えたと伝わっている。

この名水の名称がそのまま鉾の名称「菊水鉾」となっている珍しい事例である。

民衆にとっての清めの水もいくつかある。最も知られているのが、『都名所図会（巻二）』にも紹介されている「手洗水《ちょうずのみず》（御手洗井）」（中京区烏丸通錦小路上ル手洗水町《てあらいみずちょう》）であろう。図中には「手洗水

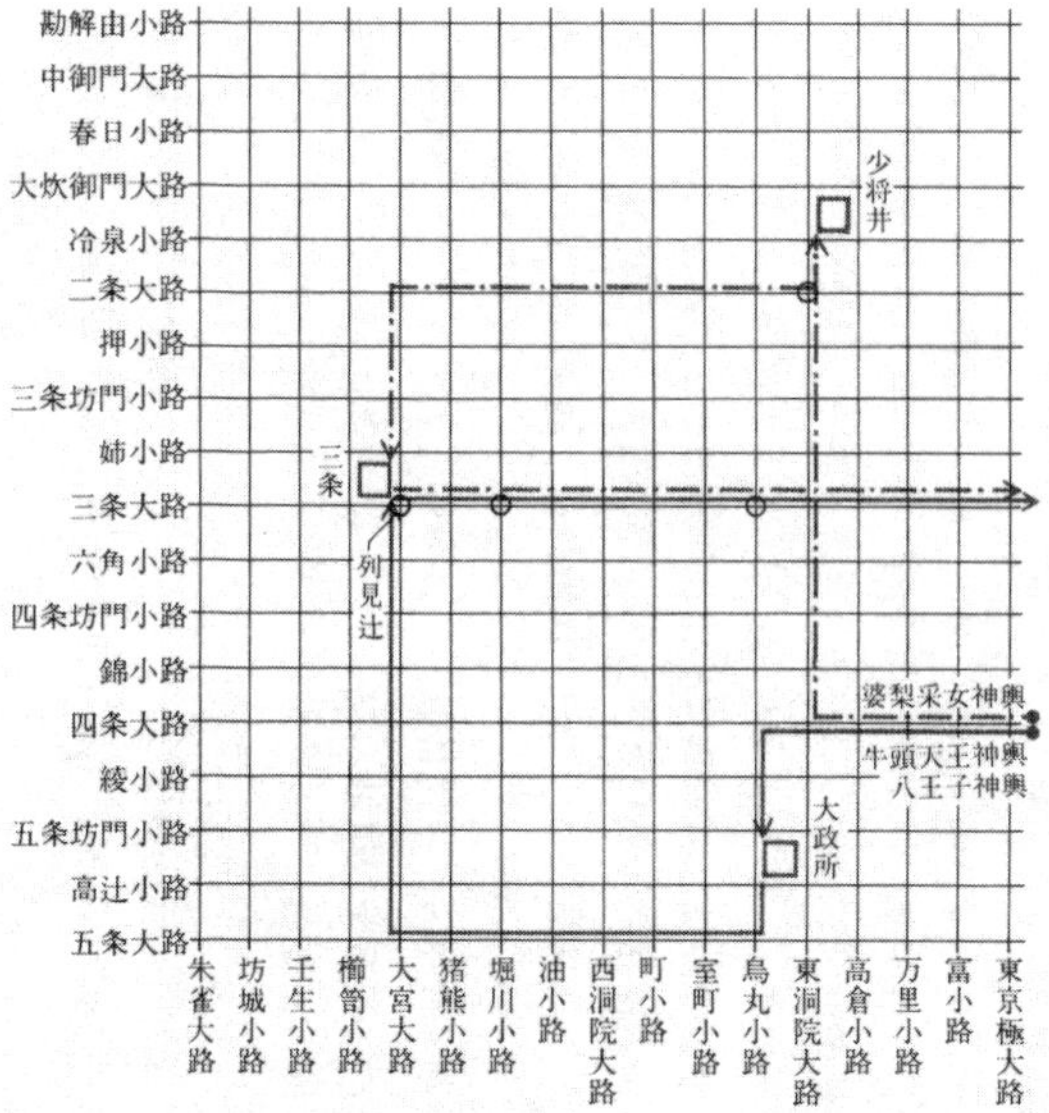

中世の頃の神輿巡行コース（脇田晴子『中世京都と祇園祭』中公新書、1999年より）。

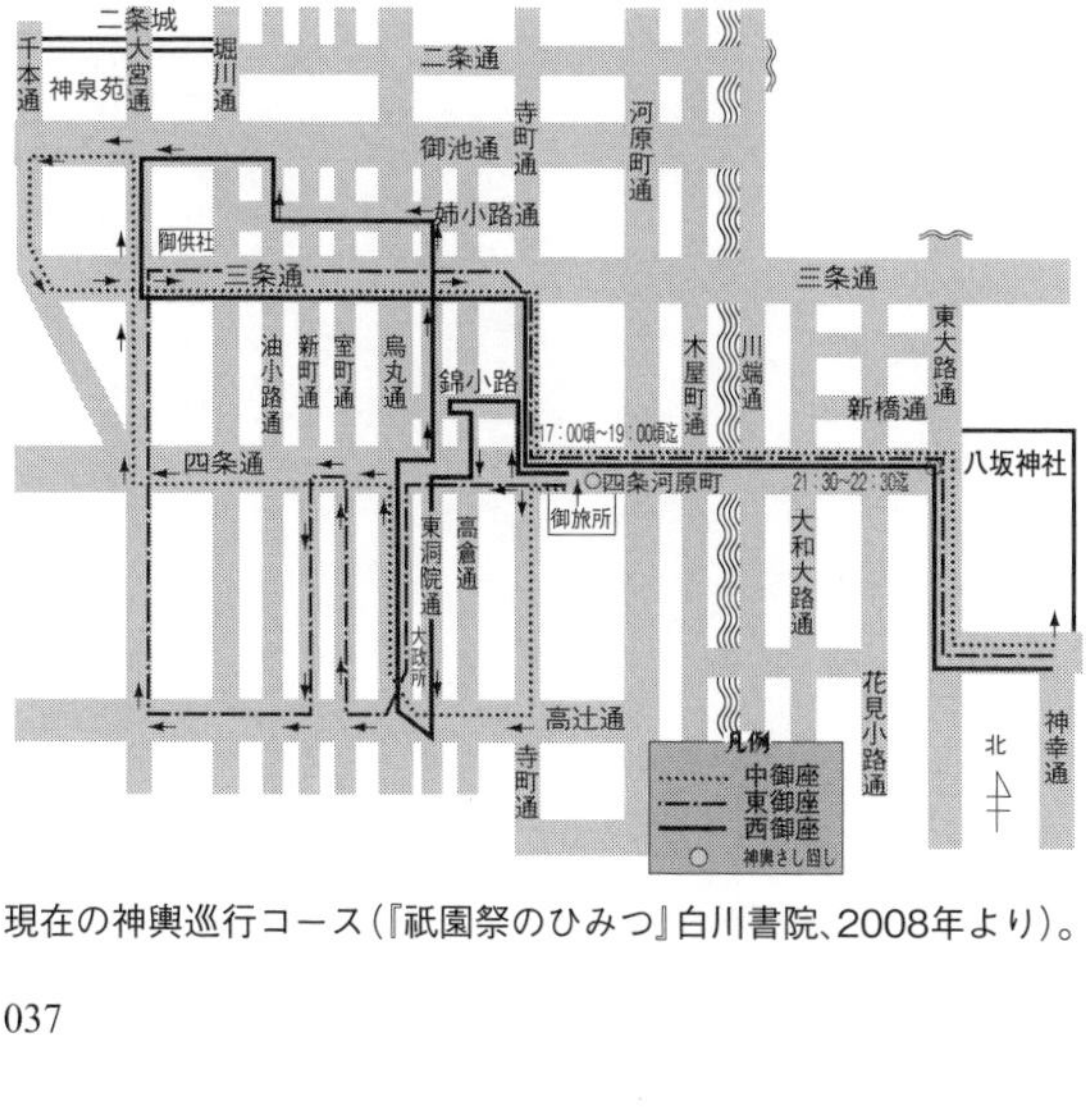

現在の神輿巡行コース（『祇園祭のひみつ』白川書院、2008年より）。

は烏丸通錦小路の北にあり。むかし大政所町に祇園神輿の御旅所ありしとき、参詣の輩、ここにて手水なしける。……」とあり、今も、七月十五日の宵山から二十四日までの十日間だけ柵が開けられ、水をいただくことができる。この期間だけ町衆に開かれるのは、織田信長の命であったと伝わっている。この他にも大坂の難波から祇園祭の神輿を舁きにきた若者が手水《てみず》に使った「蛭子《えびす》水」が四条通油小路西入ルにあった。

山鉾町の町衆の井戸もある。占出山《うらでやま》には神功皇后の御神体人形を飾る建物の入り口に井戸があり、宵山に参拝する人はこの水で手水したという。役行者山《えんのぎょうじゃやま》の会所の庭にも井戸があり、祇園祭のときはその水を香水《こうずい》としていただいたと伝わっている。このような、清めに使った井戸は町々にあったのではと推察される。神様のための「神事用水」、町衆が自らを清める「手水の水」、いずれもが祇園祭には欠かすことができない名水と言えよう。

京の龍伝説

龍にまつわる水の物語

◆京の龍穴と龍神伝説

「龍穴《りゅうけつ》」この聞き慣れない言葉から、龍の伝説巡りを始めたい。龍穴は水の神を祀る貴船《きふね》神社（左京区鞍馬貴船町）や祇園祭で知られる八坂神社など古社に伝わっている。最初に訪ねたのは賀茂川の源流に位置する貴船神社。高井宮司から「神武天皇の御母である玉依姫が、自分の船が留まるところに祠を建てて祀れば国土を潤し、庶民に福運を授けようと言われました。淀川を貴船川までさかのぼり、水がコンコンと湧き出るところに船を留められ、建てられたのが貴船神社の奥宮です。今も社殿の下には堅穴があり、龍穴と呼んでいます」と教えていただく。龍穴の伝説を探すと『新撰京都名所圖會（巻二）』（一九五九年）に「文久年間（一八六一～六四）の修理の時、大工が誤ってノミを龍穴に落としたことがあった。すると一天俄かにかき曇り風が吹きすさんで、ノミを空中に吹きあげた」とある。龍神は、金物によって水が穢れることを嫌う。空中を飛ぶノミを見た大工は、さぞ、自分の

龍（竜）の文字を使った名水一覧

名水・名井	場　所	備　考
竜宮水・竜穴	八坂神社の社殿の下	都名所図会・京都民俗志
竜奇水・竜女水	愛宕山月輪寺の付近	拾遺都名所図会、都花月名所、京都民俗志
竜淵水	嵯峨の西芳寺の境内	京都民俗志
竜闕水	山科行者ヶ森	京都民俗志
竜興水	南禅寺	扶桑京華志
竜吟水	東福寺	扶桑京華志
金竜水	上京室町頭	拾遺都名所図会、都花月名所、京都民俗志
清竜水	安祥寺の庭	京羽二重織留
青竜水	本誓寺（高田専修寺三尊堂の傍ら）	都名所図会
神龍水	大通寺遍照心院内	都名所図会（六孫王神社の神龍池との説もある）
跋難陀竜の水	岩倉大雲寺の境内	京都民俗志
龍穴	貴船神社の奥宮	
潜龍水	白峯神宮	
金龍水	水火天満宮	

行いを悔いたことであろう。このような井戸や池に金物を投げ込むと、龍が怒り、罰を与える話や雨を降らせて民衆を困らせる話は、日本の各地に伝わっている。

八坂神社の龍穴については、鎌倉時代の説話集『続古事談』（一二一九年）に「祇園の宝殿の中に竜穴があり、延久年間（一〇六九〜七四）の頃、梨本の座主が深さを測ったが、五十丈（約九十メートル）でも底がなかった」とある。龍の住まいに相応しい深さだ。この龍穴に関わる龍伝説が、街中の井戸にも伝わっている。前項でも述べたが、烏丸四条の交差点を百メートル程上がった鳥居の奥にあるのが「御手洗井《みたらし》（手洗水）」である。この井戸に住む龍神さまは、神幸祭の神輿に乗り遷り、祭りが終わると井戸に戻られるという。祇園祭では山鉾を見て回るだけでなく、祭りの日にだけ開けられる「御手洗井」を訪ねられてはいかがだろうか。

龍に願いごとを行う話もある。歌舞伎十八番「鳴《なる》

祇園祭の間だけ開けられる御手洗井（中京区烏丸通錦小路上ル）

神《かみ》」では、賀茂川の源流にある志明院《しみょういん》（北区雲ヶ畑出谷町）の鳴神上人が、宮廷への怨みから龍神を護《ご》摩《ま》洞窟《どうくつ》にとじ込め、都に一滴の雨も降らさないようにした。困り果てた天皇は、洛中一番の美姫をつかわし、上人の心を迷わし、行を破って龍神を空へ解き放った物語を演じている。龍神を封じ込め自らの願いをかなえるとは、やはり鳴神上人さま（鳴神とは雷のこと）だけが成せる術である。このような龍神と雨との関係は、平安末期に成立したとされる仏教説話集『今昔物語集』にある神泉苑の話がよく知られている。神泉苑は、平安の昔、天皇が船遊びを楽しんだところ。その龍伝説はこうである。

日本国中に日照りが続き、すべての物がみな焼け枯れてしまった。天皇はこれをお嘆きになり、弘法大師を召して、「どうしたら雨を降らせ、民を助けることができようか」と仰せられた。大師は「私の修法の中に雨を降らす法がございます」と申し上げ、神泉苑で請雨経の法を行った。七日間修法を行うと壇の右上に五尺（約百五十センチ）の蛇が現れた。見ると、金色の五寸（約十五センチ）の蛇を頭にのせている。この場にいた二十人の伴僧の中で、四人の高僧だけが蛇を見た。その一人の僧が「この蛇が現れたのは、どのような前兆を示しているのでしょうか」と大師に訊ねると、「御存知ありませんか。天竺にある阿耨達智池《あのくだびっち》に住んでいる善女龍王が来られたのです」とお答えになった。こうするうちに戌亥《いぬい》（西北）の方から黒雲がわきいで、国じゅうに雨が降ってきた。これ以後、旱魃《かんばつ》の時には、神泉苑でこの修法が行われ、必ず雨が降る。この修法を勤めた阿闍梨《あじゃり》が官位などを賜ることが恒例になっている、という。この伝説の真偽は別にして、神泉苑で雨乞いや止雨《しう》を行った僧侶は、恵運、常暁、真雅、仁海など二十人以上と伝わる。

神泉苑の龍は、他の伝説も生みだしている。深泥池《みぞろがいけ》（北区上賀茂深泥池町）に住んでいた大蛇が、美しい龍女の姿で人と契りを結び身ごもった。正体が知れると追い出されると思い、新しい住家を神泉苑に求めたところ、すでに住んでいた龍王が驚き、この龍女と戦いを始めた。その間、都では激しい風雨と雷雨が荒れ狂ったという。他にも、神泉苑の側に住んでいた貴族の家に少女が来て治療を求めたので針を打って治してやると、少女は喜びのあまり書物を置いていった。その中に神仙散・安栄湯・黒薬の類のことが記してあるのを不思議に思い、後をつけると池の辺りで消えた。少女が座ったあとに龍鱗が三片あったので珍蔵し、水の傍らに祠を建てたという話も伝わっている。

この龍女との契りや龍鱗三片を残す話は、金物を嫌う龍と同じように日本各地に伝わっている。神泉苑から御池通の名称が付けられたことは知られているが、龍神伝説を知る人は少ない。街中の伝説は、雑踏の中でかき消されてしまう。

◆龍と水のかかわりとは

　そもそも龍とは何なのか、龍と水の関係はどのように生まれたのかを整理してみたい。戦国時代（紀元前四〇〇年～二〇〇年）に書かれた中国の地理書『山海経』には、雷神や応龍など十以上の龍の原型と思われる仲間が記されるなど、まだ龍の姿が固まっていない。中国最初の字典『説文解字《せつもんかいじ》』（紀元前一〇〇年）には「龍。鱗蟲之長。能幽能明、能細能巨、能短能長。春分而登天、秋分而潜淵。从肉飛之形、童省聲」とあり、龍は鱗を持つ生き物の長で、その大きさを自在にでき、春は天にあり、秋は河に潜むと説いている。龍と水との関わりに関する記述を探すと、前漢末（紀元前二〇〇年）に左丘明《さきゅうめい》がまとめたと伝わる『春秋左氏伝』に「龍は水物なり」と記されている。当初、龍は雨の神ではなかったことが分かる。これが唐の玄宗皇帝（六八五—七六二）の時代には、大旱魃時に龍を描かせ雨乞いをしたと伝えられるなど、龍が雨乞いの対象になっている。

　この千年の間で形づくられた龍の姿が仏教を通して日本に伝わり、人々の求めに応じてさまざまな伝説を各地に伝えることとなった。

手水舎に鎮座される水神様（東本願寺：下京区烏丸通七条上ル）。

　仏教とともに伝わったため、京都の社寺には龍（竜）の字を

グラウンド整備のために埋められた「稚児井」（源光庵：北区鷹峯北鷹峯町）。

取った井戸も多く「竜宮水・竜女水・竜闕水・青竜水…」など、その数は十ヵ所以上。たとえ龍の字がなくても、龍にまつわる井戸は多い。これらの伝説には、前述の井戸に住む龍だけでなく、龍が霊水の湧く場所を教える話も多い。

　江戸時代の地誌である『都名所図会』（一七八〇年）には「高田専修寺御坊…慶安（一六四八〜五二）の頃、寺務慧隆上人に竜女より献りし青竜水は三尊堂の傍らにあり」と記してある。他に『名所都鳥』（一六九〇年）は、「大徳寺徹翁和尚一旦此所に住給ふに。水なきことをくるしみ給ひしかば。あるときうつくしげなる童子忽然と現して。…さては龍女きたつて水ある所をしめす物なりと。其所に井をほらしむるにはたして清潔なる水わき出。たとへ旱魃の時もへらず。はじめをしへし児の井とは名づけぬ」と、鷹峯《たかがみね》の源光庵にある「稚児井《ちごのい》」のいわれを伝える。

　約六百五十年の歴史を持つ「稚児井」は、二〇〇七年十二月に始まった小学校のグラウンド整備のために埋められた。残念なことである。すべての伝説は、必然性を持って生まれている。たとえ井戸はなくなっても、先人の想いを子どもたちに伝え続けていきたいものだ。

第二章

京の名水めぐり

章扉：『都名所図会』巻一「柳の水」
（国際日本文化研究センター所蔵）

〈第２章関連マップ〉

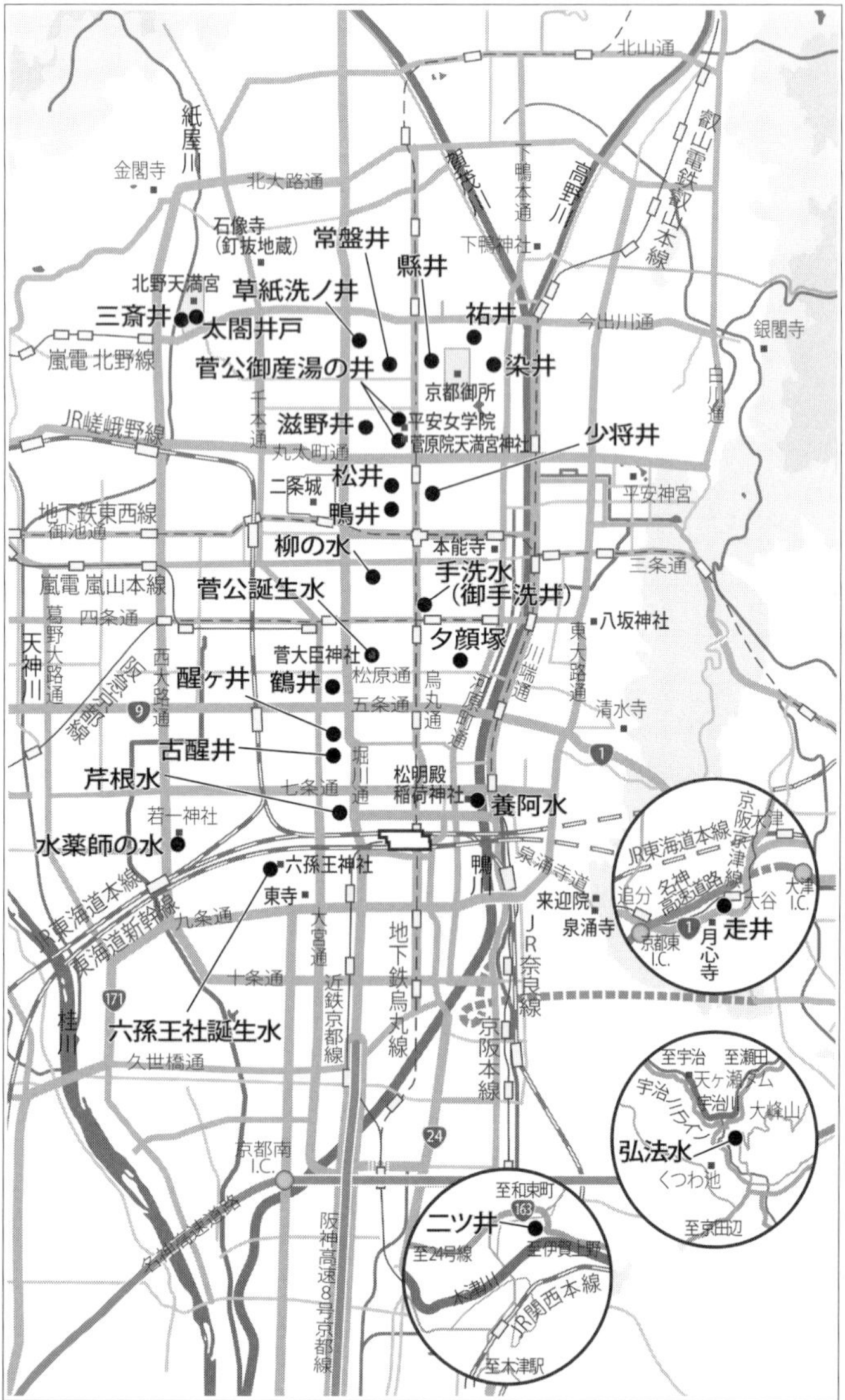

七・五・三でくる京の名水

名水が選ばれたわけ

◆中世以前の名水

日本人は何かと物事を三や七などの奇数でまとめたがる。天橋立で「この松並木の風景は、日本三景の一つです。雪舟が描いた天橋立図は国宝です」などと言われると、ありがたく見入ってしまう。京都にはこのような三や七の奇数でくくられた名所や旧跡が多い。

名水も同様。時代の求めに応じて生まれた三・五・七名水が伝わっている。そのいくつかを訪ね、いつの時代になぜ選定されたかを考察してみたい。

日本で最初にいくつかの名水を一つにまとめて紹介したのは、平安中期の女官である清少納言と言われている。清少納言は、『枕草子』において宮中で見聞した内容や自然などへの随想の他、代表的な山や河、橋などを列挙している。これらの「ものはづくし」の一つに「井は　ほりかねの井。玉の井。走り井は逢坂なるがをかしきなり。山の井、などさしも浅きためしになりはじめけん。飛鳥井は『御水も寒し』とほめたるこそをかしけれ。千貫の井。少将の井。桜井。后町の井」と九つの井泉を紹介している。『枕草子』が紹介する井泉は、名所や和歌との関係性から選定されており、平安貴族の井泉に対する考え方を示している点で興味深い。ただ、この一文を持って「九名水」として世に伝わってはいない。逆にこのことが、後に三名水や七名水の生まれる要因を示唆しているように思える。

鎌倉時代の随筆『徒然草』や『方丈記』には、井戸に関する項目を見つけることはできない。室町時代になると、書院風のお茶を発展させた能阿弥《のうあみ》が「御手洗井、水薬師の水、大通寺の井、常盤井《ときわい》、醒ヶ井《さめがい》（佐女牛井）、中川井、芹根水」を選び「茶の都七名水」と称したと伝わっている。実際に能阿弥がこれらの名水を選定したのか、能阿弥が好んで使った名水を後の茶人が「茶の都七名水」としたのかは定かではない。しかし、茶を点てるのにふさわしい名水が、一群でくくられていることがいかにも京都らしい。

◆名水の多くは江戸時代に生まれた

江戸時代に入ると地誌に名水の項目ができるようになる。例えば、『扶桑京華志《ふそうけいかし》』（一六六五年）に「川澤」の項、『京羽二重《きょうはぶたえ》』（一六八五年）に「名水・名井」の項などがある。これらの地誌を用いて名水を探してみる。『京羽二重織留《おりどめ》（巻四）』（一六八四年）の「霊泉の項」に八幡五水として「石清水、アカ井、藤井、筒井、独鈷水」が記載されている。小職が知る範囲で地域を限定し、名水を選定した初見とな

京都に関わる三・五・七・九名水一覧

名称	名水	出典
枕草子　九つの井	ほりかねの井、玉の井、走り井、山の井、飛鳥井、千貫の井、少将の井、桜井、后町の井	枕草子
茶の都七名水	御手洗井、水薬師の水、大通寺の井、常盤井、醒ヶ井（佐女牛井）、中川井、芹根水	京都民俗志
北の京　九つ井	常盤井、縣井、石井、少将井、鴨井、飛鳥井、松井、滋野井、等	雍州府志（巻八）、名所都鳥巻三、京都民俗志
都七名水	常盤井、縣井、石井、少将井、鴨井、飛鳥井、和泉井	京都民俗志
洛陽七井	中川井、古醒井、六孫王社誕生水	都名所図会
都七名水	中川井、古醒井、六孫王社誕生水、芹根水、滋野井、佐女牛井、音羽滝	京都民俗志
天下三名水	醒ヶ井、柳の水、宇治橋三ノ間の水	茶話指月集
八幡五井	石清水、アカ井、藤井、筒井、独鈷水、	京羽二重織留（四）、名所都鳥、京都民俗志
	石清水、赤井、藤井、筒井、福井	都花月名所、都名所図会京都民俗志
伏見旧堀内村　七井	記載なし	京都民俗志
伏見七名水	岩井、常盤井、白菊井、春日井、苔清水、竹中清水、田中清水	山城志、山城名跡巡行志京都民俗志
宇治七名水	百夜月井、左府池水、阿弥陀水、法華水、泉殿、高浄水、三ノ間ノ水または鉢洗井	宇治郷村誌
	阿弥陀水、法華水、九紋龍（公文水）、桐原水、泉殿、桃の井（百夜月井）、高浄水	宇治名勝案内記
西陣の五水	染殿井、桜井、安居井、千代井、鹿子井	京都民俗志
中堂寺七ッ井戸	下京区の中堂寺から西七条にかけて清水の湧くところが７ヵ所あった。井戸枠はなく、冷水が湧く。	京都民俗志
泉涌寺五水	記載なし	雍州府志（巻一）、京都民俗志
御所三名水	縣井、染井（染殿井）、祐井	
醍醐三水	醍醐水、独鈷水、赤間水	京都民俗志
長岡町井の内　七つ	桑の井	京都民俗志
伏見十一名水	不二の水、清和の井、常盤井水、菊水若水、金運清水、伏水、さかみづ、閼伽水、白菊水、御香水、勝水	伏水会の選定
亀岡三名水	増井の清水、弁天さんの水、玉の泉	ふるさと亀岡をつづる
保津三名水	けすみの水、ユキトゲの水、一の谷の水、（保寿泉）	ふるさと保津

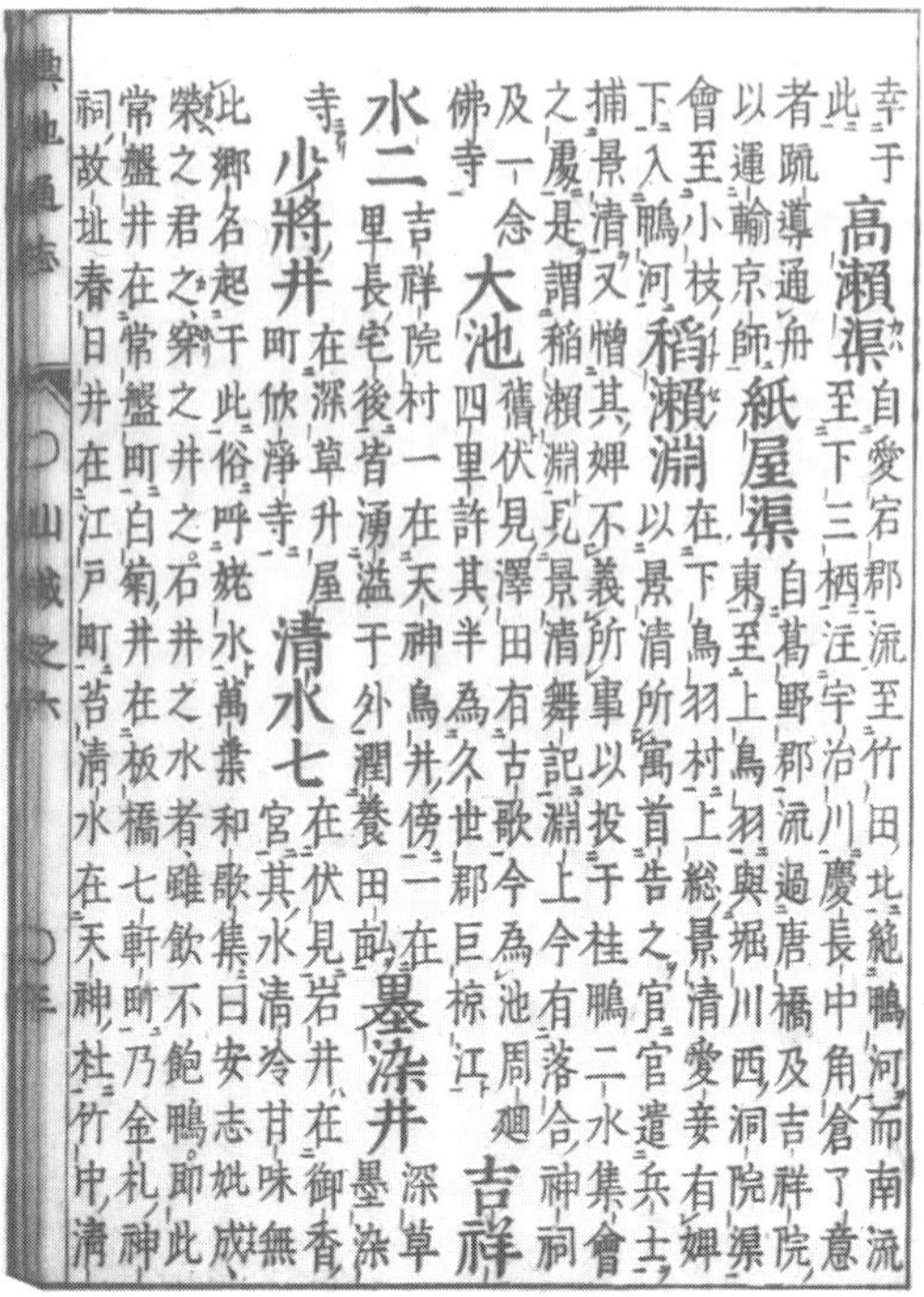
幸于此
高瀬渠　自愛宕郡流至竹田北絶鴨河而南流至下三栖注宇治川慶長中角倉了意
者疏導通舟以運輸京師
紙屋渠　自葛野郡流過唐橋及吉祥院東至上鳥羽與堀川西洞院渠
會至小枝下入鴨河
稍瀬淵　在下鳥羽村上総景清愛妾有婢以景清所寓首告之官遣兵士
捕景清又憎其婢不義所事以投于桂鴨二水集會
之處是謂稲瀬淵凡景清舞記淵上今有落合神祠
及一念佛寺
大池　舊伏見澤田有古歌今為池周廻四里許其半為久世郡巨椋江
吉祥水二　吉祥院村一在天神鳥井傍一在深草里長宅後皆湧溢于外潤養田畝
墨染井　深草墨染寺
少將井　在深草升屋町依浄寺
清水七　在伏見岩井在御香宮其水清冷甘味無
比郷名起于此俗呼姥水萬葉和歌集日安志姚成
榮之君之穿之井之石井之水者雖飲不飽鴨即此
常盤井在常盤町白菊井在板橋七軒町乃金札神
祠故址春日井在江戸町苔清水在天神杜竹中清

『山城志（六）』（京都府立総合資料館 蔵）に記された名水「吉祥水二、墨染井、少将井、清水七」。

る。これは、一つひとつでは他の名水と比べて見劣りするが、まとめると同列にできるとの、少し斜に構えた見方もある。しかし、地域で名水を選定する事例は江戸時代に広がりを見せていることから、江戸時代に入り地域で名所・旧跡を一群でくくって紹介することが庶民の中で流行し始めたと考えるのが妥当であろう。

例えば、『山城志（六）』（一七三四年）の「山川」の項に、墨染井や少将井に並んで清水七として「岩井、常盤井、白菊井、春日井、苔清水、竹中清水、田中清水」が記載されている。二十年後の『山城名跡巡行志』（一七五四年）では「伏見ノ七井、岩井御香宮ニアリ。古くは石井ナリ。……」と『山城志』と同じ七つの名水が記されている。わずかな期間で伏見七名水に向けて「清水七」から「伏見ノ七井」

へと記述が変化していることが分かる。

都の名水については、『名所都鳥』（一六九〇年）に「北の京　九つ井」の記述が見られる。選定された名井は「常盤井、縣井、石井、少将井、鴨井、飛鳥井、松井、滋野井、等」で、多くの名井が上京区に位置する。『都名所図会』に記述が見られる「洛陽七井」は「中川井、古醒井、六孫王社誕生水」の三ヵ所で、二条通から南にある名水から選定されている。地域的な区分けは滋野井（上京区樵木町通西洞院西入ル）のあたりであろうか。この二つの区分が、民俗学者である井上頼寿氏の著書『京都民俗志』（一九三三年）に記載のある二種類の都七名水をつくることに繋がったのではないだろうか。この地域で名水をくくる流れは、明治になり宇治七名水、昭和に入り亀岡三名水、平成十一年に伏水会が伏見十名水を選定することに繋がっていく。この地域性はさらに狭くなる傾向も見られ、西陣五水、泉涌寺五水、御所三名水なども生まれている。

『名所都鳥』に描かれた西陣五水の一つ、本隆寺（上京区知恵光院通五辻上ル紋屋町）の「千代井」。（京都府立総合資料館 蔵）。

これらの名水群が生まれてきた経緯は、タイムスリップをして選定者に聞いてみないと分からないが、名水が地域の誇りであったことから、自分たちの名水を伝えたかったのであろう。この理由の裏付けの一つとして、京都には小野小町や弘法大師などの偉人に関する名水は多いが、小町三名水や弘法七名水などは伝わってはいない。これは地域性を持たせることが難しいからであろう。

江戸時代の地誌に記載のある多くの名水が、当時の場所にはなく、たとえ現存していても飲用に用いられてはいない。その多くが、どの場所にあり、どのような物語を持っていたのか分からなくなっている。新たな文献が見つかり、一つでも多くの名水が明らかになることを願っている。

「名所図会」に見る井筒

名水のかたち

◆「井筒」とは

水に興味があると、どうしても神社やお寺で井戸の話をお聞きすることが多くなる。「地下鉄ができるまでは井戸には水があった。でも使うことはなかった」。そんな会話の最後に「昔、犬が井戸に落ちて助けるのが大変でした。その後、落ちないようにこの井筒を置いたんですよ」と笑い話になる。場所によっては犬が猪に変わることもあり、動物が井戸に落ちた話をされる方は多い。近年までは、井筒のない井戸も多かったのであろう。この「井筒」の話をしてみたい。

時代劇で娘さんが水を汲む井戸は、地表の部分を上から「井屋」、「釣瓶《つるべ》」、「井筒（井桁《いげた》）」。地下の部分は、土留めの部分を「井戸枠」、底の集水施設を「まなこ」と言い、礫などが敷かれている。私たちが目にする部分は、「井筒（井桁）」に当たる。そもそも、井戸の発祥は、水が湧くところに人が集まり、周囲を木や石で囲み使いやすいようにしたことから始まる。多くの人が住むようになると、

『都名所図会』巻一（国際日本文化研究センター 蔵）に描かれた「柳の水」（西洞院三条下ル）。

それぞれが水を求めて土を掘り、地下の部分が崩れないように板や石で囲む。上には人や獣が落ちないように井筒を置く。井筒の高さまで水を汲み上げるのが大変なので、木車（滑車）と釣瓶をつけて楽に汲めるようにする。これが井戸ができるまでの自然な流れである。

井筒はその字が示すように円形であり、井桁は桁材を井の字に組んでいる。江戸中期の百科事典『和漢三才図会《わかんさんさいずえ》（巻五十七・水類）』に「幹音寒　韓同　同　俗云井筒　又云井桁」「幹井上木欄也、其形四角或八角」とあり、井戸の上にある木欄は幹と言うが、一般には井筒や井桁と言われていたことが分かる。

この井筒（井桁）を江戸時代の地誌『都名所図会』に求めると、三枚の図絵がある。千利休も用いたとされる名水「柳の水」（中京区西洞院通三条下ル）

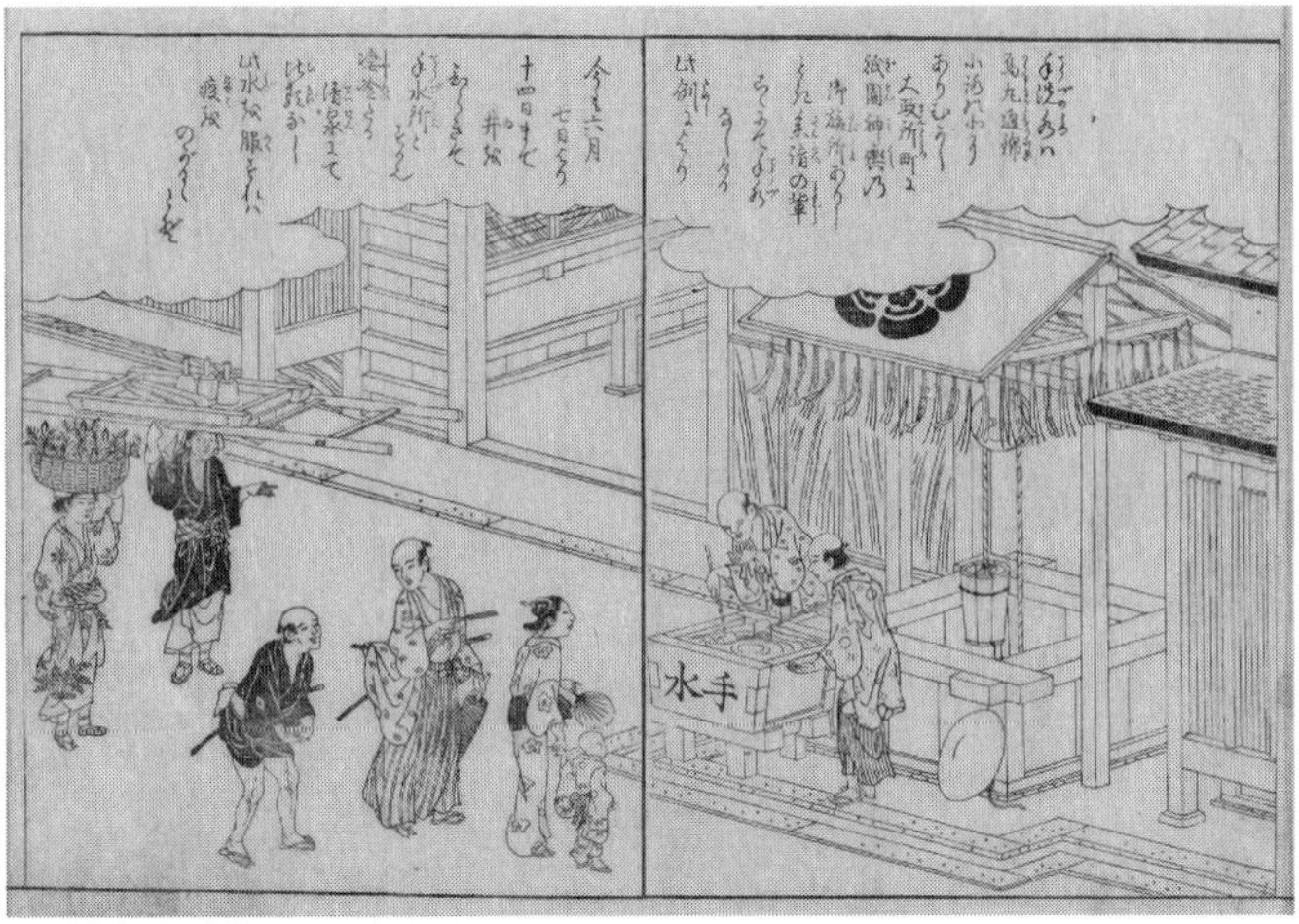

『都名所図会』巻二（国際日本文化研究センター 蔵）に描かれた「手洗水」（烏丸通錦小路上ル）。

の井桁には点がまばらに打ってあり、材質が石であることが分かる。その形状は、木製の井桁を模しており、非常に凝ったつくりとなっている。四方の骨組みを石柱で組み、中に石板をはめ込んでいるようにも見えるが、四枚の石板を加工して組み合わせたものであろう。類例の石製井桁が、中世末期（十六世紀）の福井県一乗谷朝倉氏遺跡から出土しており、当時は多く用いられた形状かもしれない。

図絵には、空也堂《くうやどう》（中京区蛸薬師通油小路西入ル亀屋町）の回向《えこう》僧（鉢たたき）が楽しそうに茶筅《ちゃせん》を売る側で、茶人風の老人が「柳の水」を眺め、先人に思いを馳せているようすが描かれている。井戸の前には柵があり、近づけないようになっていることから、すでに名所であったことが分かる。マンション建設で「柳の水」が埋められる

『都名所図会』巻二（国際日本文化研究センター 蔵）に描かれた石製の井筒。「夕顔塚」（下京区堺町高辻下ル夕顔町）。

時に、井戸を見に行かれた近所の方に聞くと「井桁は木製だった。とても固い木で、後ろには石碑があった」とのこと。図絵に描かれた凝ったつくりの井桁が、いつ頃にどこへと移されたのか、興味はつきない。

次に、祇園祭の時にだけ開かれる「手洗水（御手洗井）」の井桁を見ると、前述の「柳の水」よりひとまわり以上も大きい。溝の石材には点を打ち材質を区分していることから、井桁の材は木であることが分かる。木製の井桁は古くからあり、『扇面古写経《せんめんこしゃきょう》』や『信貴山縁起絵巻《しぎさんえんぎえまき》』（平安時代）などに木材で造られた井桁が描かれている。「手洗水」は、神事の井戸にふさわしく屋根にしめ縄が張られ、木車と釣瓶が見られる。井桁の前に手水が別に汲まれているのを見ると、多くの町衆がこの水で自らを清めたのであろう。「手洗水」は、烏丸通が拡幅される時に東側に移された。祇園祭になると、昔と同じように柵が開けられ、手を清める人の姿が見られる。ただ、江戸時代とは異なり、井桁の材質が石に変わった。「柳の水」とは真逆である。この水を飲むと悪疫を逃れると伝わっており、図絵に描かれた町人も、この御利益を授かったことであろう。

◆今に残る石の井筒

名水ではないが、「夕顔塚」の図絵に井筒が描かれている。材質は石である。井筒の前には桶があるが、井戸を覆う屋根に木車はない。石製の井筒に関する文献を探すと、江戸後期の風俗誌『守貞謾稿《もりさだまんこう》（巻三）』の京坂井の説明に「地上に出る井筒　俗に井戸側と云ふ　豊島石の全石を穿ち貫きて制す」とある。石製の井筒が、京都・大阪に多くあったことを伝えている。瀬戸内海に浮かぶ豊島《てしま》から運んだ角礫凝灰石《かくれきぎょうかいせき》を、人力で円形に刳り抜く匠の技に頭が下がる。

松明殿稲荷の手水舎にある養阿水「石製の井筒」。

石製の井筒は、筆者の知る限り、京都市内の六ヵ所に現存している。その一つが、鴨川に架かる七条大橋の西下にある松明殿稲荷神社の手水舎。井筒の真ん中に横に大きく養阿水《ようあすい》と彫られ、外径が百三センチ、内径が七十二センチ、高さ六十センチ。樽の形を模して「たが」が彫り込まれている。石の厚みは、どの部分を測っても約十五センチとほぼ均等である。養阿水は、宝暦二年（一七五二）に木食正禅養阿上人が掘ったと伝わる名水だが、江戸時代の文献に記載がなく、忘れ去られた名水とも言えよう。同様に樽を模した井筒が、本能寺（中京区寺町通御池下ル下本能寺前町）の門前にも置かれている。こちらは寛延三年（一七五〇）と彫られており、この時代における井筒の特性を見ることができる。

ここで紹介した三つの井戸を含め『都名所図会』『拾遺都名所図会』には石製や木製の大小の井桁、井筒、岩清水や舟形など形態の異なる八つの井戸が描かれている。この使い分けは作者の遊び心であろうか。

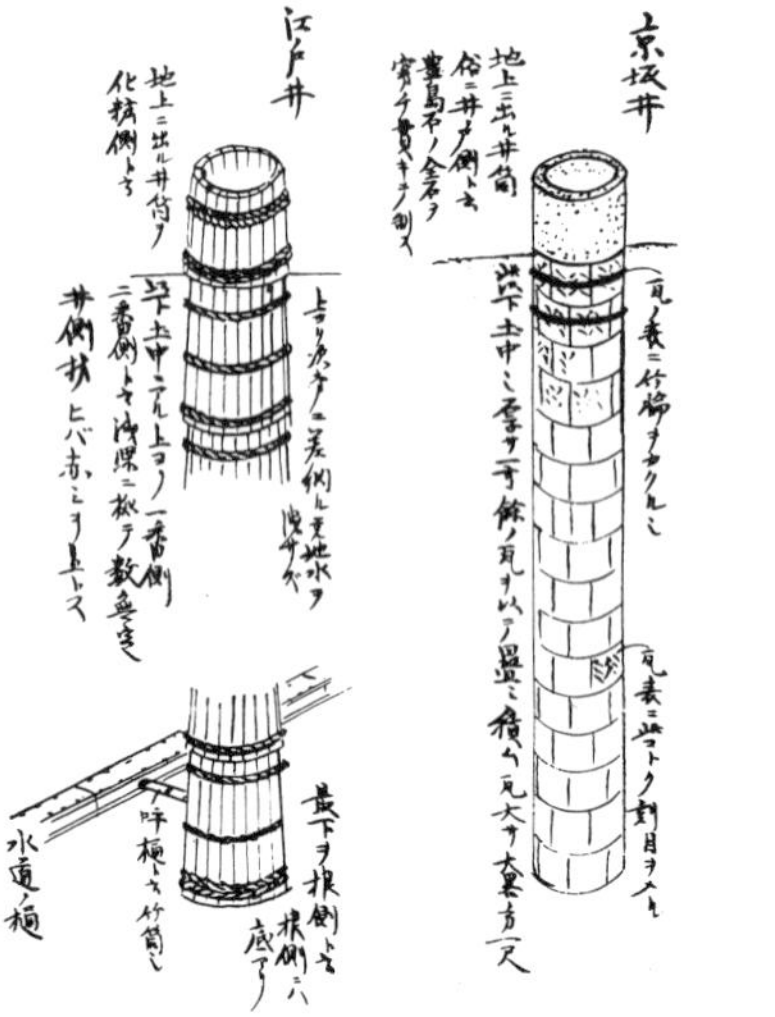

『守貞謾稿』の井戸の図。

『都名所図会』『拾遺都名所図会』に描かれた井戸

名　称	井戸の特徴	周囲の状況	場　所	巻
柳水（柳の水）	・石製の井桁（一般的な大きさ） ・木製の井桁に模した、精巧なつくり	・柵に囲まれている ・井屋なし、釣瓶なし ・「柳の水」と名称が書かれている	西洞院三条の南	都名所図会　巻一
芹根水	・石製の井桁（一般よりも小さい） ・土の中に埋め込んである ・川の中に湧く	・井屋なし、釣瓶なし ・横に石碑「芹根水」あり（碑文は、鳥石葛辰の筆） ・水が湧いている	堀川通生酢屋（木津屋）橋の南	都名所図会　巻二
手洗水（御手洗井）	・木製の井桁（一般的よりも大きい） ・手水と書かれた水盤あり	・井屋あり（しめ縄が張られている） ・釣瓶、木車（滑車）あり	烏丸通錦小路北	都名所図会　巻二
佐女牛井	・井筒が埋もれている（文中に記載） ・石製の井筒（佐女牛　元和二年　有楽再建之）	・柵に囲まれている ・井屋なし、釣瓶なし ・水が湧いている	醒井五条の南	都名所図会　巻二
夕顔塚	・石製の井筒	・井屋あり ・滑車なし、釣瓶なし ・手桶あり	堺町松原の北	都名所図会　巻二
業平母塔	・井筒なし	・井屋なし ・釣瓶あり（水を汲み替える桶あり）	上羽といふ里	都名所図会　巻四
大悲山乳岩	・岩からの清水	・しめ縄が張られている	峰定寺南十六町	拾遺都名所図会　巻三
菜切石（柏の井）	・舟形の井戸（周囲は、石と竹） ・三槽に分かれている	・弘法大師の菜切石あり	瓶原井平尾村	拾遺都名所図会　巻四

京の名水双六を歩く

町衆が楽しんだ名水

◆絵双六の「名水」

江戸幕府が「寛政の改革」で庶民の華美な風俗を取り締まっていた頃、京の町衆は名水が描かれた双六を楽しんでいた。その双六とは、寛政七年（一七九五）に刷られた絵双六『新板都内町名所廻里すご六』である。双六と言えば子どもの遊び。俳人である高浜虚子も「子供等に　双六まけて　老いの春」と詠んでいる。しかし、子どもが双六を楽しむようになったのは明治以降のこと。江戸時代は賭けごとの道具であり、絵双六（道中双六）の売買禁止や版木を持参するよう御達しも出ている。

この勝負ごとを楽しんだ絵双六に描いてある名水を振り出しから順番に紹介すると、「塩竈井《しおがま》（下寺町）」「芹根水《せりね》」「鶴井」「醒井水《さめがい》」「柳之水（西洞院）」「少将井」「梅夏ノ井（泉町）」「草紙洗ノ井《そうしあらい》（一条）」の八井である。振り出しの「洛東名物大佛餅」から上がりの「美しい女性が描かれた屋敷」までの四十六枡の内の八枡が名水。題材は名水が最も多く、次が神社で七枡。三番目が安倍晴明や平将

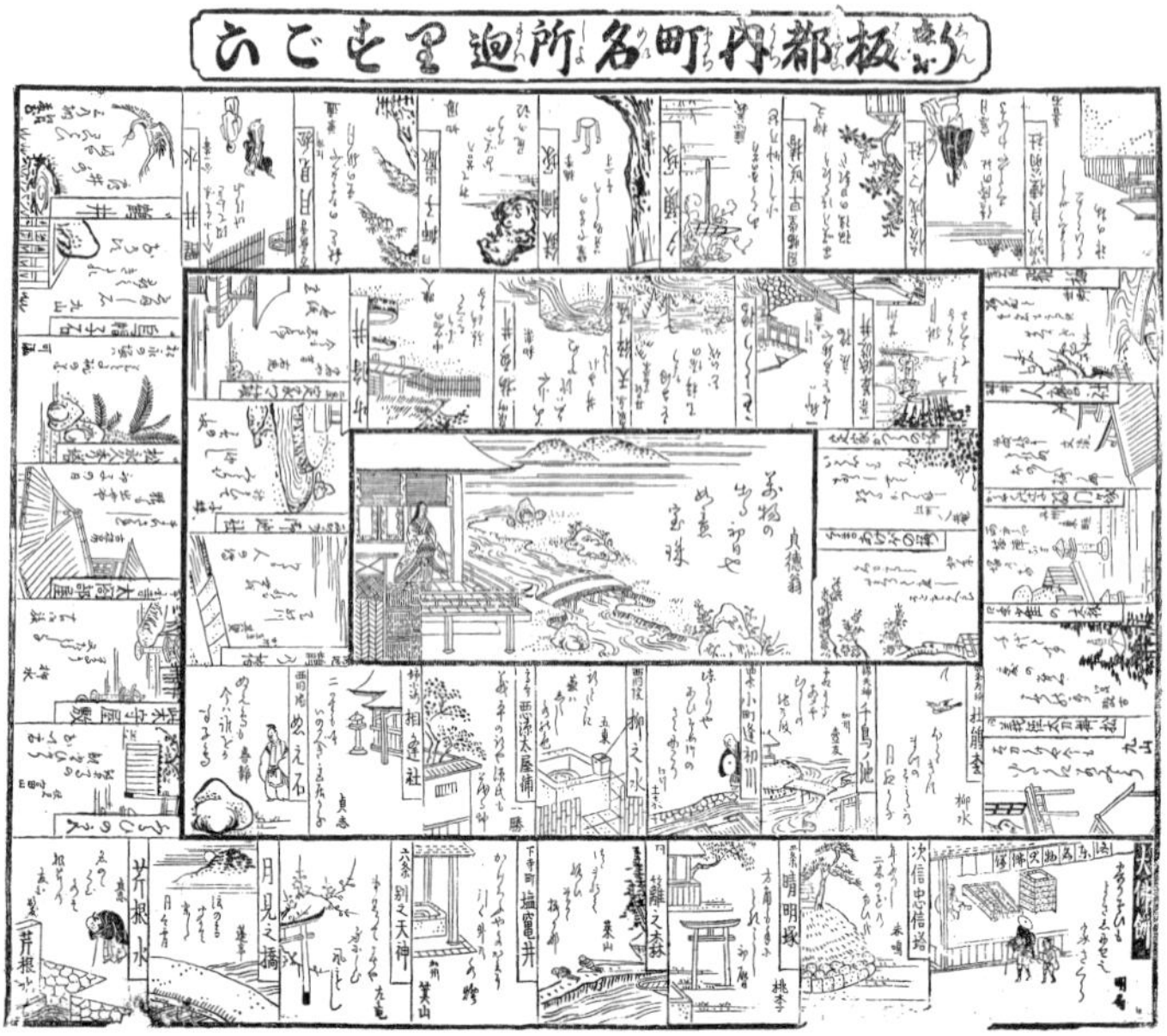

絵双六『新板都内町名所廻里すご六』寛政7年（京都府立大学図書館 蔵）。

門の塚（五枡）となる。当時の町衆と名水との関わりがうかがわれる。

清水寺や金閣寺などの名所を描いたのではなく、各町の自慢の場所を集めたこの絵双六。町衆は、互いに自分の町の名水を自慢し合いながら、サイコロを振ったのであろう。そんな場面にタイムスリップしてみたい。

「そもそも塩竈井は、光源氏とも言われている源融《みなもとのとおる》が摂津の三津浦から海水を運ばせ、この井戸の水を使って塩を焼いたところ。由緒ある井戸え」

「昔からある井戸やったら小野小町ゆかりの井戸。和歌を洗い流し、あらぬ疑いを晴らした草紙洗ノ井がある。あんたも謡《うたい》が好きやし、よう知ってるやろ。飲ん

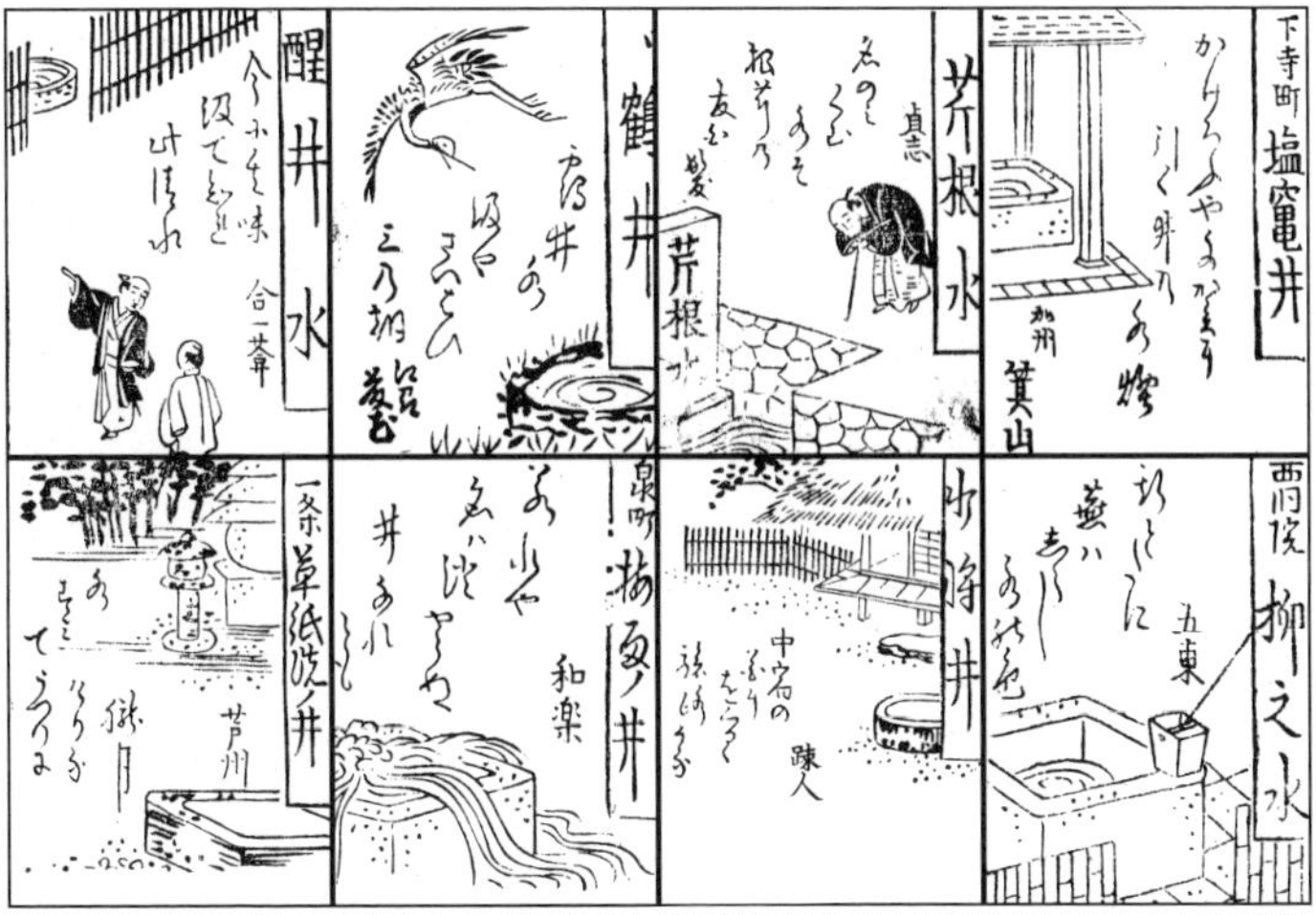

双六の名水の部分。上段右から「塩竃井」「芹根水」「鶴井」「醒井水」下段右から「柳之水」「少将井」「梅夏ノ井」「草紙洗ノ井」。

だら美人になるえ。双六も負けはったことやし、せめて水だけでもお内儀さんのお土産にどうえ」「あんたな〜、今さらお内儀さんにそんな水を持って帰ってどうしやはるの……。それよりお茶やろ、利休さんも使うてお茶を点てはったのが柳之水。うちの町の自慢やな」「お茶なら負けへん。醒井水の井筒には、『佐女牛井　元和二年五月有楽再建之』と、お茶人の有楽斎さんの名前が刻んである」「織田有楽斎なら、うちも一緒や。有楽斎さんがお茶に使うた名水、鶴井と亀井で一双。鶴亀でおめでたい。お内儀さんは健康で長生きが一番、こっちを持ってお帰り」

などなど。名水談義がつきることはなかったであろう。

「柳の水」の井筒の背後にあった石碑の文字（馬場染工業 蔵）。

◆双六「八名水」の今

この京の双六「八名水」（筆者命名）は、現在どのようになっているのであろう。新聞などで紹介されることが多いのは「醒井水」と「柳之水」。

「醒井水（醒ヶ井）」の「サメ」は、音の響きから来たのではないかと考えている。水が騒がしくザザッと流れることを「ザメク」という。小川の水音の「サラサラ」かもしれない。湧き出た水の流れる音が響いていたのであろう。この「醒ヶ井（佐女牛井）」、源義経の邸宅でもあった源氏堀川邸の井戸と伝えられ、室町中期の茶祖である村田珠光が愛用し、将軍足利義政もこの水で点てたお茶を好んだと伝わる名水である。しかし、戦国の世に荒れ果て、それを嘆いた織田有楽斎（織田信長の弟）が再興した。この由来が、円形の井筒に刻まれていた。この井筒、太平洋戦争の建物疎開で所在が不明となっている。どこかの民家の庭先で大切にされているかもしれない。

戦争でなくなった醒ヶ井を惜しみ、昭和四十四年に醒泉《せいせん》小学校の百周年記念事業として五条堀川を下がった中央分離帯に石碑が建立された。これでは、多くの人が見ることができないと、現在は堀川通の西側に移されている。通例ならば、石碑の建立で終わりであるが、四条通醒ヶ井角にある亀屋良長が平成三年に店の新築にあわせて井戸を掘り直し、店先の水盤から湧き出るようにされ、その傍に「醒ヶ井」と彫られた石碑を添えられた。お店の方にお願いするとおいしい水をいただくことができる。

近年、場所が移る名水は多い。「柳之水（柳の水）」も同様である。信長の三男である織田信雄《のぶかつ》が、邸宅の井戸の傍に柳を植えたことから「柳の水」として知られる名水も、駐車場へと変わり今はない。名水を楽しみたい方は、駐車場の隣にある馬場染工業（中京区西洞院三条下ル）の中庭で分けていただくことができる。「柳の水」が埋められる時に、井筒の背後にあった石碑を町内の方が、ぜひ残して欲しいとお願いされたが、「醒ヶ井」の井筒同様、所在は不明となった。この石碑の写真には「織田信雄邸、加藤清正忠廣親子邸」などの文字が見られる。専門家にうかがうと、石碑は文字の部分が削られて売られていく

江戸時代の書家・烏石葛辰（松下烏石）の筆による「芹根水」の石碑（下京区木津屋橋通堀川西入下ル東側）。

祇園会の御旅所に少将井があったことを伝える少将井神社。（宗像神社：京都御苑内）

のだという。何とも言えない気持ちになる。

　江戸時代の石碑が、今に残る名水もある。「芹根水」の石碑は、江戸時代の書家であり、晩年に江戸から京都に移り住んだ烏石葛辰《うせきかっしん》の筆。昭和の中頃までは堀川の流れの中に石碑があった。今は堀川通木津屋橋を一筋西に入った道路沿いに、他の石碑と一緒に移されている。

　清少納言が『枕草子』で記した九井の一つである「少将井」も、今はない。少将井神社は明治十年に京都御苑《ぎょえん》内の宗像神社境内に遷され、数十年前まで残っていた少将井も埋められた。そのいわれは、京都新聞社本社ビルの壁にある説明書きに記されている。「草紙洗ノ井」も昭和に入り埋められ、現在は一条戻り橋から東側に百メートルほど歩くと、石碑が一つポツンと立っている。昭和の初めまで、美人になれると多くの人が訪れた名水であるが、今では石碑に気づく人も少ない。

　場所が移り、今も大切にされている名水。石碑などで伝わる名水。石碑もなく、忘れられた名水とさまざまである。町衆の自慢であった双六八名水、水を想う町衆の心を子どもたちに伝えていきたい。

京都御苑の水めぐり

池と井戸と見えない水

◆公卿邸跡と二つの御池

「京都らしい空間」とはどこだろう。あれもこれもと思い始め、一言では言いつくせなくなる。これが京都の強みであり、弱みでもある。そんな時、御年配の方からの「そら、御所や」の一言で納得してしまう。この京都御苑の水を巡ってみたい。

京都御苑は、京都市の中央に位置し、東西に七百メートル、南北に千三百メートルの敷地を持つ〝国民公園〟である。この聞き慣れない言葉に戸惑いも感じつつ、堺町御門から御苑へと入る。散歩を楽しむ老夫婦を見ながら最初に訪ねたのは、門の西側にある九條池。五摂家の一つである九條家の茶室「拾翠亭《しゅうすいてい》」

拾翠亭から見た九條池。その形状から勾玉（まがたま）池ともいわれる。

京都御苑の池や井戸

今出川駅
今出川通
ヤブミョウガ
今出川御門
桂宮邸跡
今出川口
今出川広場
近衛邸跡
児童公園
カキツバタ
近衛池
フジ
祐の井
WC
シダレザクラ
中山邸跡
石薬師御門
地下鉄烏丸線
乾御門
朔平門
バードバス
イチョウ
皇后門
一條邸跡
母と子の森
宮内庁
京都事務所
縣井
染殿井
WC
センダン
清所門
京都御所
京都迎賓館
橋本家跡
コオロギの里
ヤブミョウガ
梨木神社
(染井)
中立売御門
WC
宜秋門
学習院跡
桜松
P
バッタが原
建春門
WC
清和院御門
建礼門
蛤御門
サルスベリ
桃林
大宮御所
P
正門
烏丸通
WC
ヤマザクラ
WC
アラカシ
西園寺邸跡
梅林
御神水
仙洞御所
出水口
ウメ
表門
WC
カマツカ
出水の小川
建礼門前大通り
賀陽宮邸跡
ヤマザクラ
キショウ
サトザクラ
寺町御門
シダレザクラ
サルスベリ
WC
下立売御門
WC
富小路広場
WC
寺町通
ゲートボール場
宗像神社
フジ
黒木の梅
サルスベリ
WC
椹木口
環境省京都御苑管理事務所
トンボ池
セマザクラ
富小路休憩所
国民公園協会
厳島神社
サルスベリ
フジ
サルスベリ
WC
テニスコート
閑院宮邸跡
間之町口
拾翠亭
九條池
堺町御門
富小路口
九條邸跡
丸太町通
丸太町駅

の広縁から、石橋のある御池を眺めながらお茶をいただき、ゆっくりとした時間を楽しむ。「井戸は、お庭に三つあります。あそこに見える厳島《いつくしま》神社の石鳥居は、唐破風で京都三珍鳥居の一つです」などの話を聞かせていただく。

もう一つの池は、九條池の真北に位置する近衛《このえ》池。やはり五摂家である近衛家の庭園で、当時の風情が石橋に見られる。立派なカメラを抱えた方が多い。レンズが水辺の一点をねらっている。シャッターが切られた瞬間に光る緑、カワセミである。都会の中心で渓流の宝石を見られるとは、御所の自然は奥が深い。この他に、仙洞御所の北池と南池など十ヵ所余りもの池がある。まさに京都のオアシスと言えよう。

数年前、『京都インクライン物語』を書かれた作家の田村喜子氏と全日本景観学会で御一緒した時、「タクシーから御苑の土塁を見ると京都を感じる」と話されていたのを思い出す。この土塁が造られたのは明治以降のことで、それほど古い話ではない。明治天皇が明治二年に東幸され、多くの公家が一緒に東京へと移られた。このため留守宅や空き地が目立ち、御苑内は閑散としていたという。そこで、明治十年に明治天皇から、御所保存とともに、周辺の旧態を失わないようにと京都府に御沙汰があり、外周の土塁整備や苑内の植樹などを進める「大内保存事業」が行われることとなった。この土塁での区域分けがなかったら、今の御苑はなく、御所の近くまでビルが建ち並んでいたであろう。

◆御所の名水と御溝水

この土塁の中にある井戸で知られているのが御所三名水「縣井《あがたい》、祐井《さちのい》、染殿井《そめどのい》」である。この中で最も古い井戸が、一條家の邸宅跡にある縣井。縣井は平安中期に書かれた『大和物語（百十二）』に「大膳の大夫さんひらのむすめども、縣の井戸という所にすみけり」と記された、千年の歴史を持つ名井である。昔はこの井戸の側に縣神社があり、毎年一月に行われる国司やその補佐官を任命する県召《あがためし》の除目《じもく》の際に、公家がこの水で精進潔斎して任官を願ったという。

祐井については、昭和十四年に京都市第一高等小學校が発刊した資料が詳しい。「中山邸の御井戸の側には祐井碑が建っている。明治天皇御産湯の井戸と伝わっているが、まことは明治天皇が二歳の嘉永六年（一八五三）の夏、旱魃で京都中の井戸が涸れたため、明治天皇の御養育を承っておられた中山忠能《ただやす》卿は大層心配されて、邸内に井戸を掘らせたところ三丈八尺の深さに達するとコンコンと清水が湧き出した。これを喜ばれた孝明天皇から、明治天皇の幼名である祐宮の字を取り、祐井の名を賜った（要約）」と記してある。明治天皇も昔を偲ばれて「故郷井」と題した和歌「わがために汲みつと聞きし祐の井の　水

梨木神社に隣接した御苑内にある「染殿井」。近くに水飲み場がある。

は今なほなつかしきかな」と詠まれている。一方で、昭和二年の京都市教育會が発行した『京都読本（後編）』には、「桂宮は明治天皇の御降誕のところで祐の井はその産湯を汲まれたところとして知られている」とある。明治天皇が崩御されてから、わずか二十年余りで二つの説が生まれていることに歴史の不思議を思う。

三つ目は染殿井である。藤原良房（八〇四―八七二）の邸宅「染殿」があったことから名付けられた。同様の梨木神社にある染井は有名であるが、御苑の中に染殿井があることを知っている方は少ない。ただ、この名井は古い資料に見当たらないことから、近年に名付けられたのかもしれない。

京都三名水、都七名水の一つ「縣井」。

見えない水があることも忘れてはいけない。元弘元年（一三三一）に北朝の光厳天皇が今の場所に移された内裏には、室町中期頃から禁裏用水として「御溝水《みかわみず》」が賀茂川から引かれていた。防火用水などさまざまな用途を持っていたのであろう。この「御溝水」に代わり明治四十五年に琵琶湖疏水から引かれたのが「京都御所水道」である。大日山に建設された貯水池から鉄管で引かれていた京都御所水道は、昭和二十九年の小御所の火災で延焼を食い止めている。水は庭園用水や雑用水としても使われて

京都御所水道の噴水試験。（京都市上下水道局提供）。

いたが、鉄管が老朽化したため平成四年に廃止された。現在は、苑内に数ヵ所あるポンプから汲み上げられる地下水が、池の水や縣井、出水の小川などに使われている。

数百年にわたり日々の暮らしで使われた井戸水。賀茂川から引かれていた御溝水。明治に入り琵琶湖疏水から引かれた水道水と御所水道。今、御所水道に代わって使われている地下水。これまでも、これからも、御苑は水とともにある。

伏見名水ラリー

現代によみがえった名水

◆復活した伏見の名水

健康ブームのためか、書店で散策ガイドブックを目にすることが多い。この人気コースの一つに伏見の名水めぐりがある。

伏見は、古くから水がよいことで知られてきた。享保十九年（一七三四）に編纂された『山城志（六）』は、山城の名所として伏見にある七つの名水「岩井、常盤井、白菊井、春日井、苔清水、竹中清水、田中清水」を紹介している。残念なことに今では、その多くが埋められ場所すら分からない。

しかし、その心は伏見十名水として現在に引き継がれている。平成十一年（一九九九）、社寺などでつくる伏水会が、水の関わり

元禄の年号が見られる「閼伽水」の手水石（長建寺：伏見区東柳町）。

伏見七名水、伏見十名水「名水一覧」

伏見七名水　※『山城志』(1736年)より	伏見十名水　※伏水会が選定（1999年）
岩井（御香宮） 常盤井（常盤町） 白菊井 （板橋七軒町、金札神祠の跡） 春日井（江戸町） 苔清水（天神社） 竹中清水（竹中町） 田中清水（清水町）	御香水（御香宮）、 常盤井水（キンシ正宗） 板橋白菊の井戸（板橋小学校）、 白菊水（鳥せい本店）、 清和の井（清和荘） 伏水（黄桜記念館）、閼伽水（長健寺） 不二の水（藤森神社）、 金運清水（大黒寺） さかみづ（月桂冠大倉記念館） ※勝水（乃木神社）が11番目の名水として楽しまれている

の深い社寺や酒蔵などに湧く十ヵ所の名水を「伏見十名水」として定めた。これらの名水は、お酒との関わりも深いことから人気があり、さまざまな雑誌等で紹介されるだけでなく、「伏見名水スタンプラリー」などでも知られている。

◆五つの名水をめぐる

これらの名水を京阪中書島駅からめぐってみる。駅の北口を出ると十ヵ所の名水について記した案内板がある。説明書きに目を通し、最初は駅から歩いて数分の場所にある長建寺から。

長建寺は、元禄十二年（一六九九）に伏見奉行が中書島開発の際に創建した寺で、本殿の前に「閼伽水《あかすい》」と呼ばれる名水がある。手水石に彫られた文字に元禄の年号が見られる。御本尊は、インドの川の神であるサラスヴァティーを起源とする弁財天。伏見港の守り神として、淀川を廻船する舟人が安全を祈願したという。

中国風の門から境内を出ると、伏見城の内堀であった濠川《ほりかわ》に何艘かの十石舟が見える。濠川に架かる橋を渡り、数百メートルの所に月桂冠大倉記念館（伏見区南浜町）がある。今も続く伏見で最も古い酒蔵で、寛永十四年（一六三七）の創業。この酒蔵で使われる水が、その名のとおりの「さかみづ」である。「約五十メートルの深さから汲み出される名水は、硬度が七十程の中硬水で、灘《なだ》の硬い水とは異なり発酵がゆるやかでやわらかいお酒に仕上がる。舟運の灘とは違い、伏見の酒が東京で売られるようになったのは鉄道が整備されてから」と館長の打越さんから教えていただいた。「さかみづ」を酒蔵に囲まれた中庭でいただく。見ていると、ほとんどの人が名水を口にし、水の味と酒の味を比べている。年間に十万人以上もの方が訪れるそうで、名水が京の食文化（酒）を育むことを実感しながら、その水をいただけるところは他にない。

次に訪ねた名水が、鳥せい本店（伏見区上油掛町）の北側にある「白菊水《しらぎくすい》」。名水は店の外にあり、ボタンを押すと一定量の水が出る仕組みになっている。白菊水は、伏見七名水の白菊井の名前を受け継いでおり、その伝承は古い。伏見金札宮縁起によると、天平勝宝二年（七五〇）に伏見の久米里に住む老翁が「白菊を愛でて干ばつの時にその露を地にそそげば、たちまち清水となって湧出する」と里人に語り、翁が白菊の露をたらした。この場所に湧いた清水を白菊井と呼び、この地に伏見金札宮が建立された。後に社地は、尾張大納言の屋敷となったが、白菊井は残っていたようで『都花月名所』（一七九三年）には「白菊井　伏水七軒町」とある（他に、両替町受泉寺などの説あり）。

ペットボトル持参で水を汲みにくる方が多い「白菊水」（鳥せい本店）。

白菊水から西に数百メートルの場所にあるのが「伏水《ふしみず》」である。やはり、酒に関係する名水で、黄桜記念館（伏見区塩屋町　南側）の中庭にあり、竹筒から流れ出る名水をいただくことができる。四ヵ所の名水を楽しんだ後、大手筋の商店街を御香宮《ごこうのみや》へと向かう。

御香宮（伏見区御香宮門前町）には、伏見で最も知られている名水「御香水《ごこうすい》」がある。昭和六十年に環境庁の名水百選に選ばれたことでさらに知られることとなり、多くの方が名水を求めて訪れている。

名水の伝承は古く、社伝によると貞観四年（八六二）に御諸《みもろ》神社の境内から香りのよい清泉が湧きだし、この水を病人が飲むと治癒したことから、清和天皇から御香宮の名前を賜ったという。『山城志』では、「岩井は、御香宮に在り。其の水、清冷甘味、この郷に比べるもの無。俗称に姥水。……」とある。「御香水」の名称を文献に探すと、安永九年（一七八〇）に刊行された『都名所図会』に見られる。「御香水、鳥井の傍らにあり。この水によりて名とす」との記述が示すとおり、図絵には鳥居の右側に「ごこう水」の文字と四角の井筒が描かれている。同じ名水で、いくつもの呼称を持つ例は少ない。御香宮では、伏見七名水の一つである「常盤井」の井筒も見ることができる。源義経の母である常盤御前が幼い三人の子を連れて、大和へと都落ちの際に立ち寄った館の井戸が常盤井。この井戸の井筒を明治三十九年に伏見町議会が後世に伝えるために御香宮に寄進した。現在は、この井筒の二面が同社の北にある弁天社の石橋に使われている。井筒が再利用されている事例の一つである。

　京阪中書島駅から近鉄桃山御陵前駅まで、伏見十名水のうち、五名水をめぐる三時間ほどの散策。名水を楽しんだ後は、家で伏見の銘酒を熱燗でいただくのも、またよしかと。

昭和57年に復活した「御香水」(御香宮)。

伏見の名水マップ

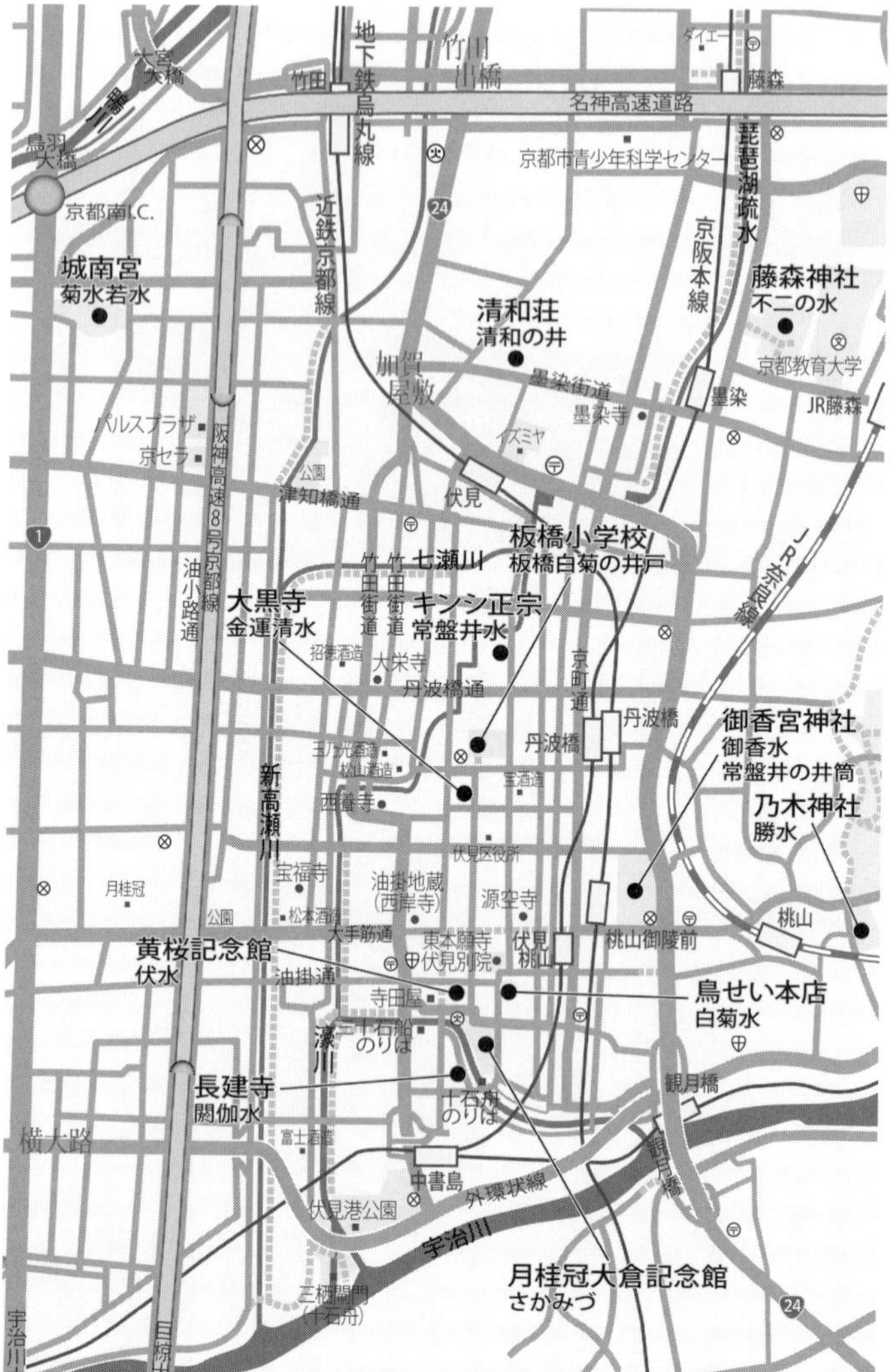

城南宮
菊水若水
清和荘
清和の井
藤森神社
不二の水
板橋小学校
板橋白菊の井戸
大黒寺
金運清水
キンシ正宗
常盤井水
御香宮神社
御香水
常盤井の井筒
乃木神社
勝水
黄桜記念館
伏水
鳥せい本店
白菊水
長建寺
閼伽水
月桂冠大倉記念館
さかみづ
名神高速道路
京都南I.C.
京都市青少年科学センター
京都教育大学
墨染
JR藤森
伏見
丹波橋
桃山
桃山御陵前
伏見桃山
中書島
宇治川
外環状線
観月橋
新高瀬川
濠川
竹田
藤森

菅原道真公ゆかりの名水

名水が伝える物語

◆三つの誕生水

延長八年（九三〇）、天皇の住まいである清涼殿で災異が起こった。「都に雷鳴が響き、逃げまどう殿上人や公卿たち。雷神に向かう藤原時平」、平安前期の学者である菅原道真公の祟りとして、『北野天神縁起絵巻』（承久本一二一九年）に描かれている第五巻の場面である。

この災異、道真公が太宰府において、延喜三年（九〇三）に没してから二十七年後のことである。また、上京区馬喰町《ばくろうちょう》にある北野天満宮に道真公が祀られたのは、それよりも十七年後の天暦元年（九四七）のこと。一ヵ月前の事件が忘れ去られる今とは違い、平安の昔は、ゆっくりと時が流れていたのであろう。

この道真公に関わる名水「天神水」は、没した後、千年の時をかけて滋賀県米原市や広島県尾道市、佐賀県神埼市など全国各地に流布している。いつの時代、どこにおいても、学問の神さまへの願いは同じである。

道真公の名水を産湯から訪ねてみよう。道真公の生誕地は父である菅原是善の住居であった菅原院（烏丸通下立売）と言われており、烏丸通沿いの菅原院天満宮神社（上京区烏丸通下立売下ル堀松町）には、道真公が産湯に使ったと伝わる「菅公御産湯の井」がある。あまり知られてはいないが、この神社の地続きにある平安女学院の校庭にも、道真公の産湯の井と伝わる古い井戸が残っている。菅原院天満宮神社の方のお話では、「五十年前には、井戸の上に水車と屋根がありました。底には水がありましたが、井戸水は使っていませんでした。今は涸れています」とのこと。

しかし、水が涸れたことを嘆くことはない。これら二つの産湯の井は、掘り直す計画があると関係者から聞いた。学生さんが学問の神様の水をいただく

菅原院天満宮神社の「菅公御産湯の井」。約100年前の絵はがき（菅原院天満宮神社 蔵）

ことで、水を大切にする心も育んでくれるのではと淡い期待を抱いてしまう。

その後、道真公は現在の菅大臣神社（下京区仏光寺通新町西入ル菅大臣町）にあった紅梅殿で暮らしている。江戸時代の地誌である『拾遺都名所図会』（一七八七年）には飛梅《とびうめ》の説明として「菅大臣神社……。『誕生水』同社東の方、垣の内にあり。誕浴の水、再び澄清を見る。汲んで竭れず、注いでここに盈つ。……明和二年乙酉（一七六五）。東都烏石葛辰書……」と記されている。他の資料には、社殿の南にある小池の中に湧く清泉を「菅公誕浴水」と言うとの記述も見られる。このことから、境内には、産湯に使われた湧き水があったが、涸れたため井戸を掘り、その旨を記した石碑を建立したことが分かる。江戸時代においても、地下水位が下がっていることを示す記述として興味深い。

平安女学院の校庭にある道真公産湯の井。

現在の誕生水の井筒は六角形で、梅の文様がある六角形の蓋が置いてある。六角形の井筒は珍しく、京都市内では他に類例を知らない。他にも、同社には古い石組みの井筒

六角形の井筒（菅大臣神社）。

が社務所の横にあり、また、本殿の側にはガッチャンポンプも見られる。昭和の中頃までは、同社の鳥居の前に西洞院川が流れており、この辺りは地下水が豊富だったのであろう。

なぜ、産湯の井戸が三ヵ所もあるのか考えてみよう。菅原院の敷地には、いくつも井戸があり、どの井戸を産湯に使ったのかは、日々の暮らしでは重要なことではない。新たな屋敷が建てられる際、便利な場所に井戸が掘られ、古い井戸は埋められる。数百年も経てば、どれが産湯の井戸か分からなくなり、時代の求めに応じて井戸に名前が付けられ、物語が生まれる。菅大臣神社も同様で、道真公のお屋敷跡が二ヵ所あったために、両方に誕生水が生まれたのであろう。さまざまな名水に関わる物語を検証し、次世代へと伝えることが私たちにとって大切なことであると思う。

◆北野天満宮の名水

さらに、名水を訪ねてみる。道真公が祀られている北野天満宮には、不思議なことに道真公の名水はなく、太閤秀吉に関わる名水が二つある。太閤殿下の名をいただいた「太閤井戸」が、楼門の前にある駐車場の中央にデンと構えている。まさに、太閤さんの名前に相応しい。もう一つの名水は戦国

お茶の風情を感じさせる「三斎井」（北野天満宮 茶室松向軒）。

江戸時代以前の井戸が使われている手水舎（北野天満宮）。

武将の一人である細川三斎が北野大茶湯でお茶を点てた「三斎井」。鳥居を入り西側の茶室松向軒にある。古い石の井筒、水車、苔むした屋根と茶の名水の風情を感じる。この名井、今も水を湛えているが使われてはいない。お茶を楽しむ知人から「お茶会の時には、北野さんの手水舎に水をいただきに行く」と聞いた。手水舎は二ヵ所あり、一つは延享五年（一七四八）と彫られた井筒の井戸からポンプで水を汲み上げている。もう一ヵ所の井筒は、寛文の字しか読み取れない。いずれも、江戸時代以前から伝わる井戸である。

京都で二十五日と言えば、北野天満宮で開かれる天神市の日である。平日、休日に関わらず、日用雑貨や食品、骨董品などを求めて数万人が訪れる。この二十五日には天神さんを訪れ、学業成就を願いつつ、手水舎で数百年前から伝わる井戸の水を口にされてはいかがだろうか。

溢れ出る「看板水」

名水「走井」探訪

◆平安時代からの名水

愛想のよい娘さんの声が店内に響く。看板娘のおかげでお店は繁盛。こんな話は、今でもチラホラ。では、「娘さん」が「井戸」に代わるとどうであろうか。

数年前に名水が店先に出現した。食材を求める人で賑わう錦市場と大丸の間にある「錦の銘水」である。韓国創作料理店の店先に立てられた説明書きには「当地、錦の地下八十ｍより湧き出る水は、金気が少なく鮮度を保つ銘水として平安京の昔から友禅、豆腐、京野菜といったさまざまな文化を育んで参りました。……この機会にご自由に賞味下さい。当主」と書いてある。お水をいただく。クセがなくおいしい。でも、他の神社のように水を汲んで持ち帰る方を見かけない。人通りの多い店先で水を汲むのは気が引けるのであろうか、名水が看板になっているとは言い難い。

しかし、江戸中期には名水を看板に用い、旅人に親しまれていた餅屋があった。看板となった名水

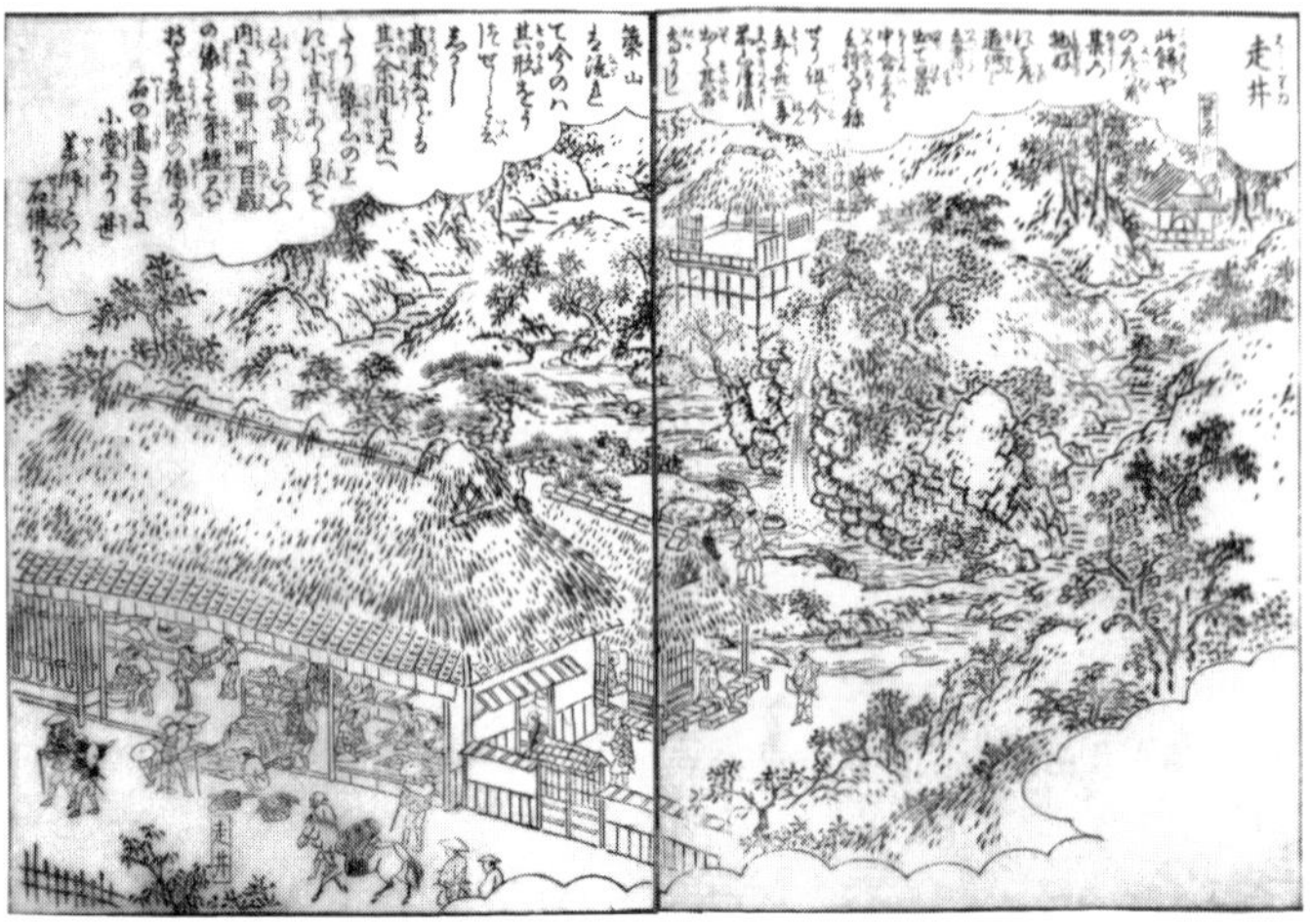

餅屋の中央にある「走井」の井筒を眺める旅人。『伊勢参宮名所図会』巻一。

は「走井《はしりい》」（大津市大谷町）である。京都から伊勢神宮までの名所・旧蹟などを記した『伊勢参宮名所図会（巻二）』（一七九七年）を見ると、店の中央に井筒が見られる。街道から一番よく見える場所に配置していることから、井筒を看板代わりにしていたことが分かる。この「走井」は、平安時代から伝わる名水で、清少納言が九つ井の一つとして「走り井は逢坂なるがをかしきなり」と『枕草子』に記している。

どのような名水であったのかは、藤原道綱母が記した『蜻蛉《かげろう》日記（走井の清水）』（九五四年〜九七四年の事柄を記載）に詳しい。京都と大津の境にある逢坂山に湧き出る走井に着くと、先に行った数人の従者が涼んでおり、気持ちよさそうな顔をしている。車から降り、手も足も水にひたし、乾飯《かれいい》を冷水に浸けて食べると、心地は晴れ晴れとして解放される。いつまでもここにいたいと思うけれど、日が暮れるので仕方なく出発したとある。この文面から読み解くに、走井の周囲には木陰があり、数人が足をつけるのに十分な広さのある泉で、食事をして一日をのんびりと過ごすことができる観光スポットであったように思えてくる。『伊勢参宮名所図会』にその場を探すと、滝のある場所がそのイメージにピッタリとはまる。私たちは、名水の側で一日を過ごすことはなく、平安時代と現在との名水という言葉の持つ意味の違いを感じる。

◆井筒から溢れ出る水

さて、平安時代の名水を看板にした餅屋の井筒。その詳細な絵が『東海道名所図会』（一七九七年）にある（八十七頁参照）。石を円形に刳り抜き、走井の文字が前面に彫り込まれている。女が柄杓で水を汲み、男が溢れ出た水を川魚にかけている。冷たい水で鮮度を保つためであろう。

この絵には不自然な描写がある。井筒を越して、これほどまでに湧き出る水を見たことがない。誇張の可能性も否定できないが、北斎や広重が描いた『東海道五十三次（大津）』の井筒も同様に水が溢れ出ていることから、見たままを描写したと考えるのが妥当であろう。これは、サイフォンの原理を活用しているとしか思えない。まさに、「見せる井戸」である。日本最古の噴水は、加賀藩主の前田斉泰《なりやす》が一八六一年に兼六園に造らせたとするのが定説であるが、「走井」を噴水と見るなら、日本での噴水の起源は百年ほど遡ることになる。

この名水が、どのようになっているかを知りたくて探しに行くことにした。ＪＲ山科駅から東海道を大津へと歩く。伏見への分かれ道のある追分《おいわけ》を過ぎ、二十分ほど歩くと古い邸宅がある。格子戸を覗くと、走井の文字の彫られた井筒が目にはいる。なんとも美しい。周囲には何もなく、淡い緑色の苔が覆う井筒が存在感を示してくれる。さすが、東海道の旅人に知られた名水である。井筒に置かれた桶を伝って流れ落ちる水が、太陽の光を受けてきらめく。二百年前のような水量ではないが、凛とした空気の中に水の流れだけがある。この庵は、大正の初めに日本画家である橋本関雪画伯の別邸となり、その後、月心寺の村瀬明道尼が大切にされている。庵主さんに「走井」についてお聞きすると、庭の中腹に湧き出る水を井筒まで引いているとのこと。やはり、管を利用したサイフォンである。お庭を見せていただきながら、走井の水で入れたお茶をいただく。

この水の湧いている場所に行ってみると、鳥居の先に井戸と祠があり、祠の前には桶が供えられている。手を合わせ、心を落ち着けてから周囲を見回すと「水神諸霊」の文字が彫られた石が目に入る。

存在感を感じる走井の文字が彫られた月心寺（滋賀県大津市大谷町）の井筒（外径81cm、内径56cm、高さ53cm）。

走井と彫られた井筒から水が溢れるさまがおもしろい『東海道名所図会』「走井」（京都府立総合資料館 蔵）。

歌川広重が描いた浮世絵『東海道五十三次』「大津 走井茶屋」。

小さな祠の前に古い井桁が置かれている（月心寺）。

その少し上に石組みで造られた横穴が掘られている。京都北部では横穴の井戸を龍穴と呼ぶことが多く、龍（水神）の霊力に絶えることのない水を願ったという。この横穴形式の井戸は山の斜面と平地との境に多く見られ、このような斜面の中腹にある場合は意図がある。庭の池に水を落とし、走井の湧き出る水を演出する配管がどのようになっているのか。当時の知恵がつまった水の仕掛けに学ぶことは多い。

この走井、平安の昔は貴族が訪れる地、江戸時代には旅人に知られる餅屋の看板、現在は月心寺でひっそりとしている。千年の長きに渡り、人々に愛され続けている名水の一つである。

京都に生きる「弘法水」

暮らしとともにある水の姿

◆偉人と名水

京都には、偉人に関わる名水が多い。千年の都であったことから世に知られた人が多いからではあるが、その数は他の都市とは比較にならない。例えば、貴族であれば滋野貞主《しげののさだぬし》の館にあった井戸であるから「滋野井」。菅原道真公が産湯に使ったので「菅公誕浴水」、「飛鳥井」や「少将井」などもそうである。武将なら「牛若丸息つぎの水」、「弁慶水」、「満仲誕生水」など。貴女の名水も多く「小町化粧水」、「常盤井」、「和泉式部井」などがある。これらの名水は、平安の昔を偲んで町衆や寺院が名付けたものが多い。これらとは違い、意図的に名前がつけられた一群に宗教系の名水がある。その目的は信仰の普及。法然水や蓮如水なども多いが、最も全国に広がっているのが弘法水《こうぼうすい》である。弘法水の研究で知られる立正大学の河野忠教授によると、「全国の弘法水は北海道と沖縄を除く日本各地に約千四百ヵ所、京都には四十ヵ所近くの弘法水伝説が存在する。これらの伝説の真偽は分からないが、

各都道府県の弘法水伝説数

都道府県	数	都道府県	数	都道府県	数
北海道	0	石川県	57	岡山県	34
青森県	5	福井県	23	広島県	35
岩手県	29	山梨県	19	山口県	9
宮城県	19	長野県	53	徳島県	43
秋田県	7	岐阜県	8	香川県	66
山形県	58	静岡県	15	愛媛県	34
福島県	41	愛知県	28	高知県	30
茨城県	32	三重県	35	福岡県	6
栃木県	29	滋賀県	27	佐賀県	5
群馬県	96	京都府	39	長崎県	9
埼玉県	17	大阪府	37	熊本県	18
千葉県	24	兵庫県	27	大分県	20
東京都	16	奈良県	142	宮崎県	2
神奈川県	24	和歌山県	139	鹿児島県	14
新潟県	40	鳥取県	3	沖縄県	0
富山県	27	島根県	8		
				合計	1449

※ 2010 年 4 月 16 日現在（河野忠 作成）

多くの井戸が地域の方々に守られ継承されてきたことに意義と意味がある」と言われている。

◆京都に伝わる弘法水

この弘法水の一つに、加茂町井平尾《いひらお》にある二ツ井（樫の井、柏の井）がある。この名井は、江戸時代に記された地誌『拾遺都名所図会（巻四）』に描かれている菜切石《なきりいし》の名で知られており、『都名所図会（巻五）』には「菜切石　同郷井平尾村にあり。弘法大師野草を切初給ふとなり」と記してある。「柏の井」の横にある弘法大師霊場菜切石（天保十二年）と彫られた石碑には、今も村人の手で水と花が供えられている。この井戸は図絵に描かれているように舟形の三

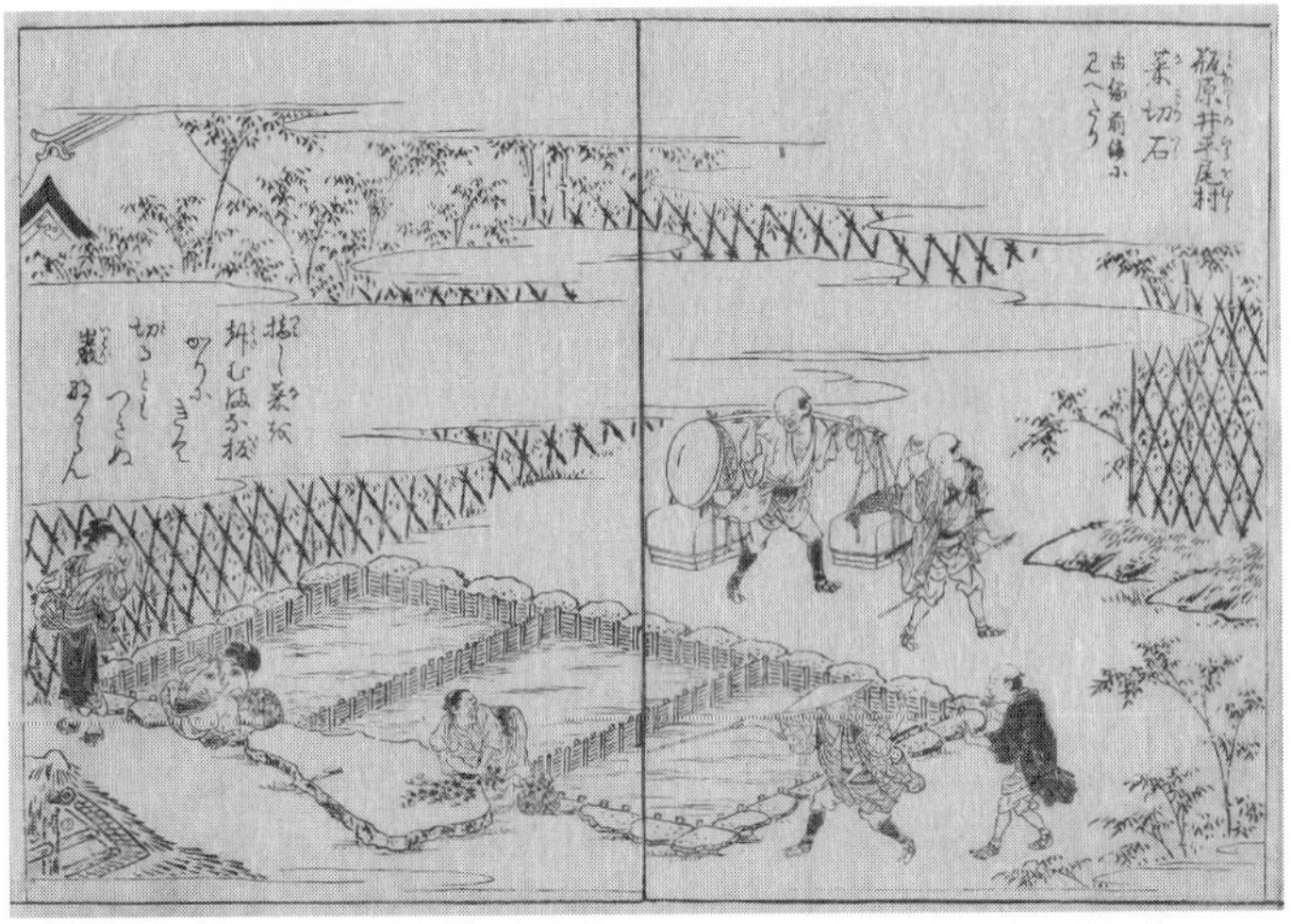

『拾遺都名所図会』巻四（国際日本文化研究センター 蔵）に描かれた柏の井。

現在の柏の井（弘法水）。

村人が集う宇治田原町高尾の弘法水（写真・河野 忠）。

層形態となっている。

加茂町を訪れた折、野菜を洗っておられた方に、「一層目が飲み水、二層目が食器などの洗い水、三層目が野菜などを洗うために使っていた。今はこの水を飲むことはなくなったが、野菜などを洗うのに使っている。毎月、順番で掃除、毎年十二月末には集落のみんなで井戸掃除をする決まりになっている」と教えていただいた。石碑の前に水を供えてから帰られた姿に、暮らしとともにある「水」を見た。村人には井上など「井」のつく名字が多いという。

大峰山の中腹にある宇治田原町高尾の「弘法水」も、先ほどの「柏の井」と同様に村人から大切にされている。この集落では、昭和五十六年に水道が引かれるまで、十数戸の村人が共同でこの井戸を管理し、生活用水として使ってきた。四百年以上の歴史を持つ名水、まさに生命の水。この名水のいわれは「旅僧がこの集落を訪れた時に、村人が川の水を汲み僧侶に飲んでいただいた。数百メートルも山を降りて汲んできてくれたことに感謝した僧侶が水の湧く

泉涌寺来迎院（東山区泉涌寺山内町）の「独鈷水」（約100年前の絵はがき）。

ところを教えてくれた。この旅僧が弘法大師であった」と伝わっている。この名水をいただき、写真を撮っていると村の入り口にあるためか、どこからともなく人が集まり話に花が咲く。この弘法水の横にも小さな祠がある。村人の暮らし、清らかな井戸を静かに見守っているように思える。村人に愛される弘法水は、高野聖が村々をめぐり、生命の源である暮らしの水の湧く場所を教えることで信頼を得て、信仰の大切さを伝えたのであろう。

一方、京都市内の弘法水は、寺院の中にある場合が多い。泉涌寺《せんにゅうじ》には寺名になった「泉涌水」と大石内蔵助《くらのすけ》が好んだ来迎院の「独鈷水」の二つの弘法水があり、いずれも水が湧く場所の上に祠を建てて水を大切に守られている。釘抜地蔵で知られる石像寺《しゃくぞうじ》（上京区千本通上立売上ル車花町）も同様である。信者が寺院に参拝し、弘法水をいただき御利益を願う。民衆にとって弘法水は、薬や祈祷よりもありがたかったことであろう。

水を大切にするのは寺院や集落だけではない、個々の家でも同様である。京町家の台所には必ず井戸があり、釣瓶を使って汲んだ水を甕《かめ》に溜め、少しずつ丁寧に使われていた。

毎日、井戸水を神棚に供えてきた暮らしがあった。悲しくなる事件が多い昨今、水とともにある暮らしにやさしさを、水に神を見る暮らしに尊厳を感じる。そのような暮らしが求められているのではないだろうか。

第三章

京の川をたどる

章扉：『拾遺都名所図会』巻一「高瀬川」
（国際日本文化研究センター所蔵）

〈第３章関連マップ〉

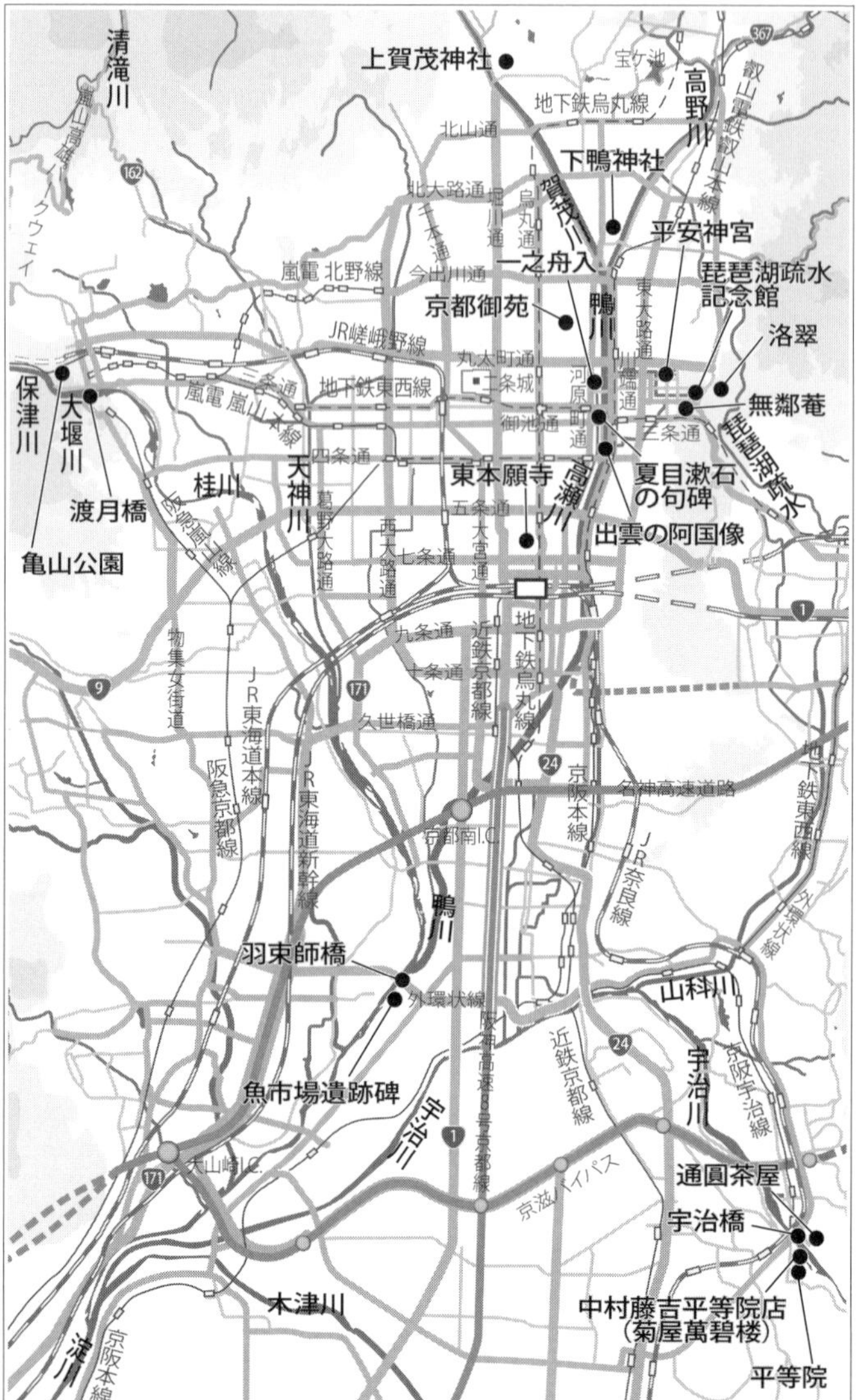

鴨川

禊ぎの川から遊楽の川へ

◆中世以前の鴨川の姿

京都には、今出川通や夷川《えびすがわ》通など「川」の字を用いた通り名が多い。京都で最も賑わう河原町通もその一つである。この名の由来は、昔は「鴨川」がこの辺りまで流れていたからと言われている。ちなみに、一般に「鴨川」の表記は高野川との合流点以南を、合流点までは「賀茂川」を用いることが多い。

ところで、河原町通はいつの頃まで鴨川の河原であったのだろう。文献を探すと江戸初期の

「葵橋」（左京区葵橋東詰め）の親柱。擬宝珠に京都らしさを感じる。

チンチン電車が走る「四条大橋」。約100年前の絵はがき。

地誌『京雀（巻七）』（一六六五年）に「荒神町のひがしの辻より南をさして町あり川原町通といふ　二條より下にては角倉通といふ　此筋に角倉が家ある故也」との記述が見られる。

しかし、これだけでは回答にならない。応仁の乱以後の百二十年間の戦国時代を描いたとされる『中昔《なかむかし》京師地図《けいしちず》』には、「京極」「東朱雀」と鴨川の間に通りはない。この地図で現在の河原町通に当たる場所には、「川」と記され二軒の民家が描かれている他に文字はなく、河原であったことがうかがえる。氾濫《はんらん》を繰り返し、川と人との住み分けができなかった鴨川において、境界が明確になり「河原町通」ができたのは江戸の初めと言えよう。

この鴨川が、どのような川であったのかについて文学を中心に見ていきたい。平安中期の随筆家である清少納言が『枕草子』で選んだ川は、「飛鳥川、大井河、おとなし川、七瀬川、耳敏川、玉星川、細谷川、いつぬき川、澤田川、名取川、吉野河、天の川原」の十二の河川である。鴨川の文字は見られない。『和泉式部日記』や『かげろふ日記』などにも、洪水のようすや鴨川を渡ることが記されているが、貴族が鴨川を美しいと褒めたたえる記述は見当たらない。『平家物語（巻一）』の「賀茂河の水、双六の賽、山法師、是ぞわが心にかなわぬものと、白河院も仰せなりけるとかや」で知られているように、洪水だけの川であったかと思うと悲しくなる。

日記や物語で探せない場合は、和歌から読み解く手法がある。「霧深き賀茂の河原にまよひしや今日のはじめの祭りなりけむ」関白前大臣（『続《しょく》古今和歌集』）、「そのかみに祈りし末は忘れじを　哀れはかけよ賀茂の川浪」俊成（『玉葉《ぎょくよう》和歌集』）など、数種が伝わっている。これらの歌は、鴨川（賀茂川）が上賀茂神社・下鴨神社と関わる神事の川であることを示してくれる。

国史に頼ると『日本紀略』の弘仁五年（八一四）の条にある「禊於鴨川」が初見となる。歴代の天皇が葛野川《かどのがわ》（大堰川《おおい》）には行幸しているが、鴨川行幸の記述は見当たらない。仁明天皇が天長十年（八三三）に河原で即位の禊《みそ》ぎを行い、それ以後、歴代天皇が二条以北側の鴨川で禊ぎを行ったと伝わっているように、平安貴族にとって鴨川は「禊ぎの川」であった。当時の鴨川は、サスペンスドラマで主人公が楽しそうに散歩する京都のシンボルとはほど遠い存在であった。

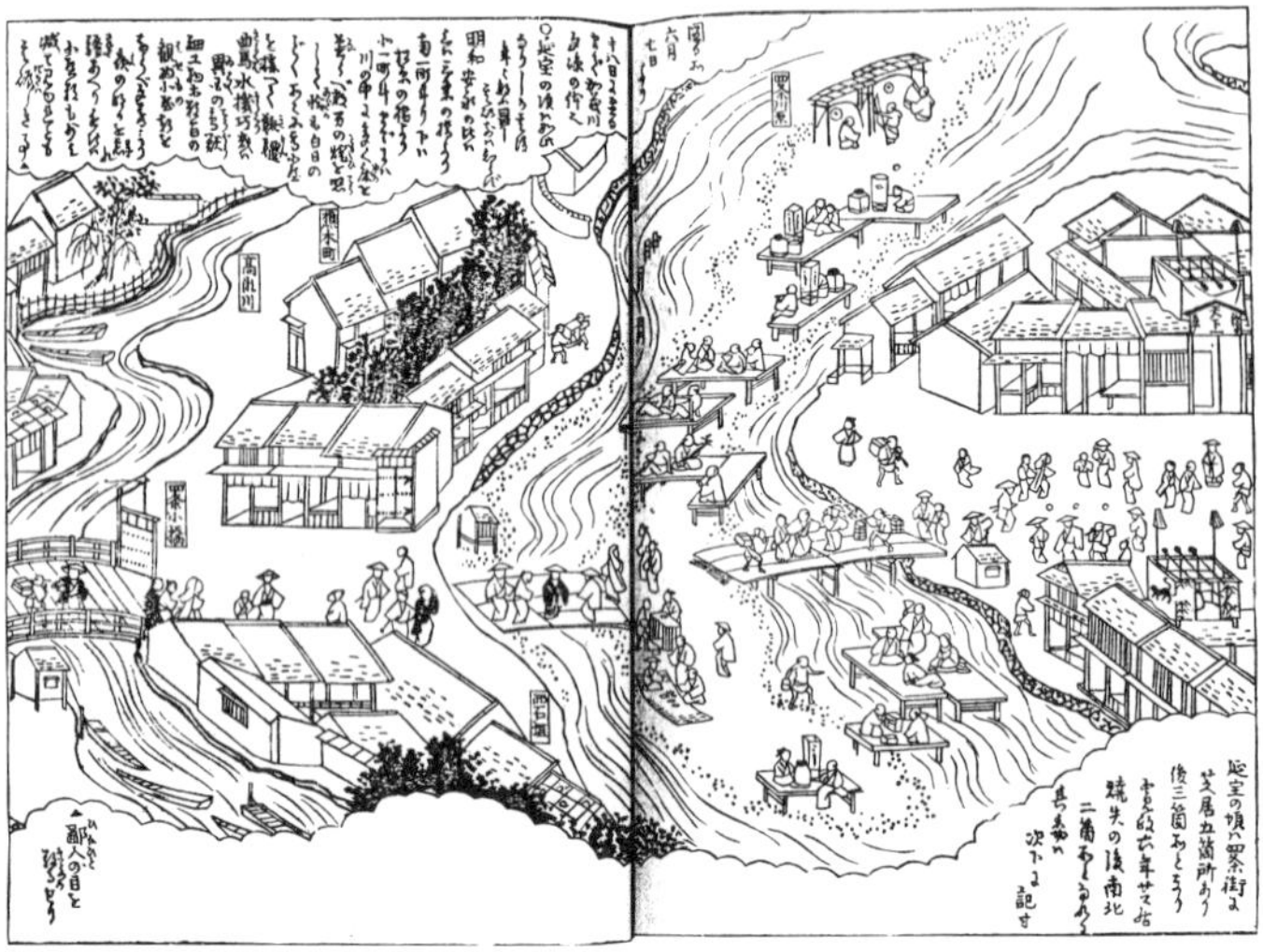

『扁額軌範』の鴨川の図（『新修 京都叢書（第8巻）』臨川書店より）。

◆江戸時代の鴨川

近世に入ると、鴨川は「町衆の川」としての魅力を発揮するようになる。江戸時代の地誌『京二羽重』（一六八五年）の名川の項を見ると、最初に説明があるのは鴨川であり、瀬見小川《せみのおがわ》、清滝川、御手洗川、大井川、鳴滝川……と続く。この理由は、桃山時代以降に鴨川の河原で歌舞伎が発達し、江戸の初めに七つの芝居小屋が許可されるなど、町衆の暮らしに欠くことのできない華やかな鴨川の出現にある。三味線の音が響く中で、見せ物小屋のかがり火に水茶屋のぼんぼり。このような情景を松尾芭蕉が「川風やうす柿着たる夕すずみ」と詠んでいる。

江戸の人にとっても河原は魅力的であり、江戸後期の戯作者である滝沢馬琴は享和二年（一八〇二）に訪れた京都の印象を『羇旅漫録《きりょまんろく》』

で「四条には義太夫或は見せもの等いろいろとあり。二条河原には大弓・楊弓・見せ物もあれど四条尤にぎはへり」と記している。『枕

男装で演じる「出雲の阿国」の像（四条大橋東側上流）。

「春の川を隔てて男女かな　漱石」と彫られた夏目漱石の句碑（御池大橋西側下流）。

草子』のごとく「見て涼しきもの、ただすの御手洗井、かも川の流れ」との一文もあり、鴨川の流れに涼しさも感じていた。一方で、絵師の司馬江漢《しばこうかん》は山領主馬《やまりょうしゅめ》に宛てた書簡で、四条河原の夕涼みはものすごく暑い、風もなく人が群がる。ただし、江戸のように砂埃はたたないと言っている。よきにつけ、悪しきにつけ、鴨川は京都に滞在する江戸の文化人にとって、京都を伝える重要な素材であった。

このことは明治文学にも受け継がれている。夏目漱石は『虞美人草』で、「音は友禅の紅を溶いて、菜の花に注ぐ流れのみである」と雨の京都を鴨川の流れを用いて表現している。志賀直哉も『暗夜行路』の主人公の謙作が直子に思いを馳せるようすを鴨川の情景とともに描写するなど、京都を舞台とした小説に鴨川は欠かすことができなくなっている。

「禊ぎの川」から「町衆の川」へと移り変わるさまを、それぞれの時代を代表する文学からも読み取ることができる。川中に床几を置いて涼を求め、水辺で遊芸を楽しむ町衆。浅いため船遊びはできないが、水に触れ穢《けが》れを祓う貴族。都市河川としては珍しい水深の浅さが、江戸や大坂にはない京都独自の水文化を育んだと言えよう。

高瀬川

都の物流を支えた運河

◆人力で荷舟を曳く川上り

四月の初め、高瀬川を流れる桜の花びらを見ると、二十年ほど前に京都に移り住んだ時に、桜舞う木屋町で盃を傾けたことを思い出す。当時、高瀬川と聞いて思い浮かべたのは、森鷗外の代表作『高瀬舟』である。「同心の庄兵衛が、罪人の喜助とともに下ったのがこの小川か」と、少し不思議な気がした。というのも、舟が下るにはあまりも浅く、狭い。しかも、歓楽街を流れている。

高瀬川は、今から約四百年前の慶長十九年（一六一四）に角倉了以・素庵親子が造った十・五キロメートルの運河である。

伏見の酒樽を積んだ「高瀬舟」（中京区河原町二条下ル）。

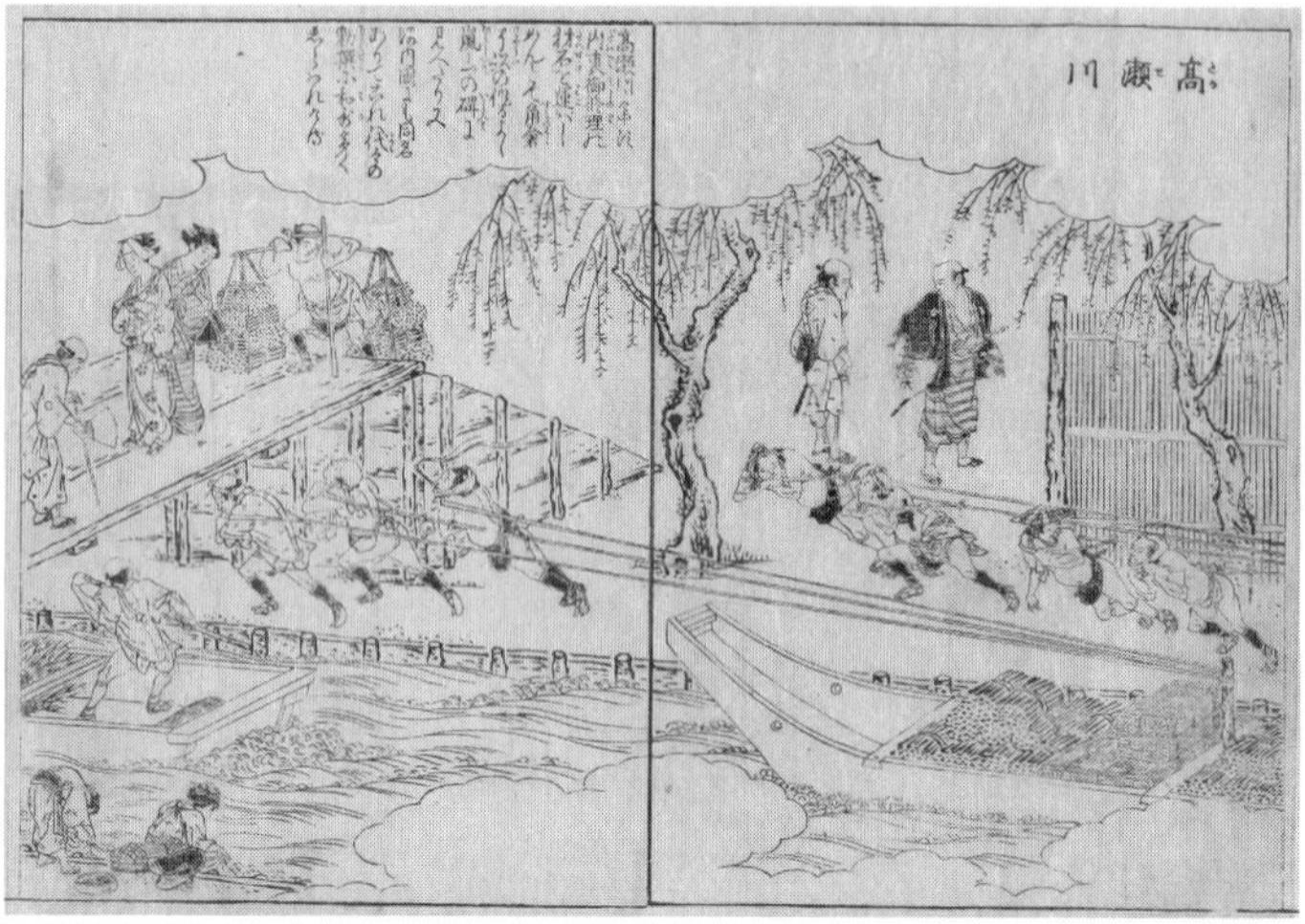

高瀬川『拾遺都名所図会』巻一（国際日本文化研究センター 蔵）。

運河が掘られた理由は、京都大仏殿（現在の方広寺・豊国神社・京都国立博物館を含む広大な境内）を再建するための用材が、鴨川を使って運ばれたことにある。鴨川の川筋を掘り直し、水を堰き止め、轆轤《ろくろ》や人力で舟を曳き、資材が運ばれていた。そのようすを「洛中洛外図屏風」に見ることができる。しかし、白河法皇が「鴨川の水は意のままにならない」と嘆いたように、鴨川の堰は洪水で流されることも多く、安定的に資材を運ぶには適していなかった。
そこで、了以親子は洪水の影響を受けないように、太閤秀吉が造った御土居堀《おどいぼり》や農業用の水路を運河として利用することを考えた。この運河が『拾遺都名所図会（巻二）』（一七八七年）に描かれている高瀬川である。この図絵を見ると、フンドシ一丁の力強そうな男が、舟を曳いている。曳き子は、左図が三人一組、右図は四人一組である。曳き子をされて

高瀬川の曳き船。約100年前の絵はがき（京都府立総合資料館 蔵）。

いた方の口伝によると「十五隻ほどを数珠つなぎにした船団の先頭を五人で曳き、あとの舟は一人で曳くことに決まっていた」とのこと。絵とは少し異なる。

高瀬舟の舟幅は一・六メートル〜二・八メートルと時代によって異なるが、図絵の川幅から見て舟がすれ違うことは難しい。このため、上がりと下りの時間帯を分けて、物資を運ぶ決まりがあった。口伝によると「舟が上がる時は、朝六時から七時頃に伏見を出て二時間もすると七条近くまで来る。木屋町沿いの舟入で荷を降ろす頃には昼時であった。下りの舟は、夕方になると半分の荷を積み込んで伏見へと向かった」という。このことから推察すると、絵は午前十一時頃のようすを描いたのであろうか。洗濯をする二人の女性の姿も描かれている。

川にも変化が見られる。現在の護岸は石積みだが、当時は板柵で土を押さえていたことが分かる。木材は橋にも使われており、橋は地面から一メートル以上高い場所に架かっていた。橋の高さを舟が通れるようにすることは多いが、曳き手を考慮して架けられるのは珍しい。『寛政十三年東高瀬全部実測図』（一八〇一年）を見ると、このような橋が高瀬川には三十二橋（五条小橋を除く）もあったことになる。高瀬舟と橋が描く、京都特有の風景であろう。

京都市の史蹟「一之船入」（中京区河原町二条下ル一之舟入町）。

◆高瀬川と舟入

『京都　高瀬川』（二〇〇五年　思文閣出版）の著者である石田孝喜氏に五条から二条まで、高瀬川を案内していただいたことがある。

石田氏に「昔の高瀬川の川幅は、今よりも一メートルほど広く、水深も三十センチ以上あった。水量の少ない時は、板で水を堰きとめ、舟を漕ぎ出す時に板を外し、水の勢いとともに下っていった」と、当時のようすを教えていただく。京都市の史蹟に指定されている「一之舟入」の前で「なぜ、入り口の上流側の先が出張り、下流に丸みがあるのか分かりますか」の問いに、答えが浮かばない。「土砂の流入を防ぐためと、舟の出入りを容易にするため」との御指導をいただいた。一之舟入は、入り口は狭いが、奥行きは広く約九十メートルもあり、幅も約十メートルと意外に広い。普通であれば、埋められビルへと姿を変えている。昭和九年に京都市が史蹟に指定した功績は大きい。

驚いたのは、御池通と三条通の間にある「二之舟入」「三之舟入」の石碑の数字。本来なら「三之舟入」「四之舟入」のはずが、一つずつ少なくなっている。実は二之舟入は、一之舟入と御池通との間にあった。ところが宝永二年（一七〇五）以降の地図には記載がなく、そのことから、一七〇〇年頃までしか存在していなかったと考えられている。忘れ去られた舟入である。高瀬川には、このような荷物の揚げ降ろしをするための舟入が九ヵ所もあった。その他に舟回しや、内浜があったことも知られて

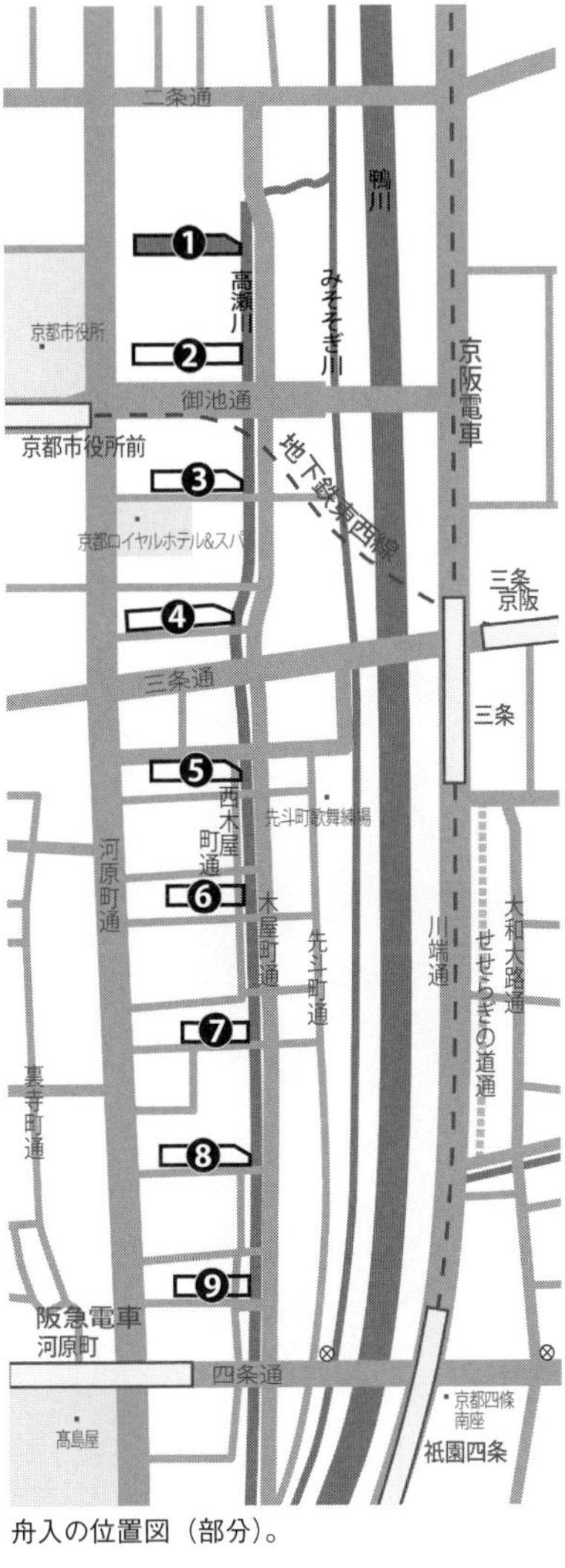

舟入の位置図（部分）。

いる。内浜は七条通の北側にあった。西に長さ約二百七十メートル、幅が七メートルの荷揚げ場であり、貯木場として明治の終わり頃まで使われていた。商業の中心であった高瀬川沿いが、歓楽街であることは当然の成り行きといえる。

江戸時代には、一日に百五十艘以上の高瀬舟が都へと物資を運んでいた。車方との関係もあり、当初は薪だけと決められた時期もあったが、やがて物資の輸送は舟へと移行し、米、酒、醤油、ニシンなどの食品から、畳、鍋、鉄、車の輪などさまざまな品が運ばれた。高瀬川沿いには、「ホーイ・シ」「ホーイ・ホーイ」と曳き子の掛け声が響いていたのであろう。

琵琶湖疏水

京の暮らしと疏水

◆疏水記念館で知る琵琶湖疏水

琵琶湖疏水竣工百周年を記念して開館した疏水記念館が、展示資料の充実を図り、平成二十一年十月にリニューアルオープンをした。一階の第一展示室には実測図などの計画と建設に関する資料、地下にある第二展示室にはインクライン（傾斜鉄道）の模型など疏水の役割とその成果、第三展示室はジオラマ（蹴上付近の復元模型）と水道などの京都市三大事業に関する資料が展示されている。この展示の順に、琵琶湖疏水の面白みを深めてみたい。

計画時で不思議に思うのは、高知県令であった北垣国道《きたがきくにみち》

琵琶湖疏水竣工100周年を記念して建てられた「琵琶湖疏水記念館」（左京区南禅寺草川町）。

が京都府知事として赴任（明治十四年）して、わずか四年間で疏水工事に着手できたことである。琵琶湖と京都市を水路でつなぐ構想は、平清盛や豊臣秀吉なども考えたと言われており、古くからあった。時の権力者は、都へと物資を運ぶ新たな動脈に魅力を感じていたのであろう。確認されている疏水計画の最も古い設計図は、文政十二年（一八二九）に写された図面である。

　京都橘大学の織田直文教授の著書『琵琶湖疏水』によると、この後も、文久二年（一八六二）の京都守護職中川久昭や、大津第一米商社などから合計八回も疏水計画が提案されている。数百年もの長きに渡り夢であった世紀の大事業が実現できたのは、時代の要請や技術の進歩を差し引いても、北垣マジックがあったとしか思えない。

琵琶湖疏水記念館で、通水路目論実測図の説明を受ける見学者。

　展示物の中で目を引くのが、測量師（測量部長）の島田道生《しまだどうせい》が作成した通水路目論実測図《つうすいろもくろくじっそくず》である。五・一三メートル×一・七五メートルの図面は、土地利用図のうえに地形と高さが実に細密に描かれている。高知県の測量技師であった島田（三十三歳）は、明治十五年六月に京都府職員に採用され、設計書の作成に必要な測量図をほぼ一年で製作している。若き天才技術者として知られる田邉朔郎《たなべさくろう》が入庁する前のことである。疏水の話をする時に、北垣知事と田邉技師の二人が話題になることが多いが、この室では測量やレンガなどの材料、湧水対策など裏方として活躍された方々にも思いを馳せることができる。

第二展示室では、疏水を切望していた人々の想いを当時の写真に見ることができる。詰問案・起工趣意書（明治十六年）には、「其一　製造機械之事、其二　運輸之事、其三　田畑灌漑之事、其四　精米水車之事、其五　火災防具之事、其六　井泉之事、其七　衛生上ニ関スル事」とある。製造機械

江戸時代の疏水計画絵図（京都市上下水道局提供）。

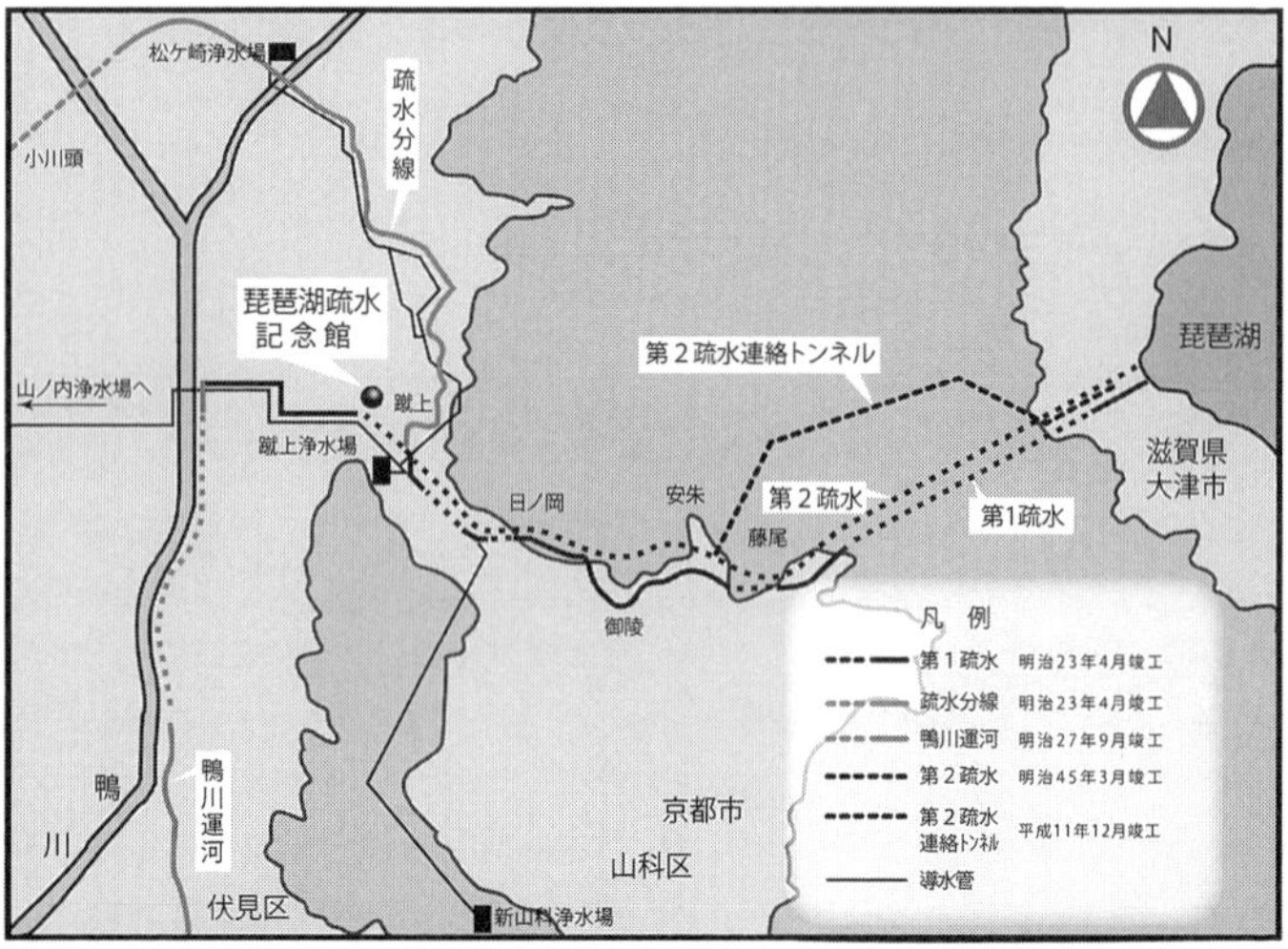

琵琶湖疏水略図（京都市上下水道局提供）。

の動力として鹿ヶ谷に水車群の整備を予定していたが、上下京連合区会議員で後に京都電気鉄道株式会社の社長となる高木文平と、田邉朔郎のアメリカ視察の成果として、動力源を水車から水力発電に変更したのが功を奏した。その理由は、明治二十五年に電灯が灯り、翌年に京都電気鉄道が市街電車を走らせたことではなく、電力がもたらす収益にある。

◆琵琶湖疏水がもたらしたもの

この疏水整備の事業費、百二十五万円が当時の京都府予算の二倍と、高額であったことがクローズアップされているが、その費用対効果が語られることは少ない。事業仕分けではないが、百二十年前の大事業の評価をしてみたい。運河関係事業の年収益は、明治三十年代から明治四十年

琵琶湖疏水の観光船。「ふねのり場」が見られる。約100年前の絵はがき。

代にかけて一万円から二万円に増加している。水力は増減が少なく五～七千円であった。それに対して電力事業収入は明治三十三年には十万円を超え、明治三十九年には十五万円以上になっている。この十年間の電力収入だけで総事業費を上回っており、先人の目の確かさを感じる。ちなみに、この水力発電は営業用として日本初、世界でも二番目という画期的なものだった。

　疏水の観光船も当初は人気があった。営業当初の明治二十四年の乗客数は七千人だが、四年後の明治二十八年には三十万人が乗船している。その後も明治期の間は、年間十万人以上が疏水観光を楽しんでいる。しかし、大正期に入り利用者が年間五万人以下になり、昭和二十三年を最後に廃止となった。

　疏水下りについて、京都工芸繊維大学の小野芳朗教授が『水の環境史』に「トンネル内の照明は船のライトのみである。（中略）大津からの行程は一時間二十六分。そのうち四十一分はトンネルであった」と記している。暗闇での船遊びは、今に例えるとディズニーランドのアトラクションのようなものかも知れない。二〇一〇年現在、このトンネルでの疏水遊覧はできないが、三月下旬から五月連休までの間、南禅寺から夷川ダムまでの往復を十石舟で楽しむことができる。

現在の琵琶湖疏水の最大の役割は水道事業である。当時の京都市民はどのように水道を受け止めたのであろう。明治四十一年に着手した第二疏水は明治四十五年に完成し、水道水の供給を始めたが、京都市民は井戸水を飲んでいたため利用は進まなかった。市民に普及し始めたのは大正八年の頃からである。当初は、井戸水と水道水の両方を使えるようにし、雨で井戸が濁った時にだけ水道水を使っていたとの話もあるなど、当時の市民がどちらを優先したかは明らかである。

しかし、百年が経過し、私たちが水に触れるのは蛇口から排水口までの数秒だけとなり、どこから水が来ているのかを知らない人も増えてきている。京町家に調査に行くと、「昭和四十年頃までは、井戸を使ってラムネやスイカを冷やしていた」と教えていただくことも多い。ゆるやかな時間の流れを暮らしの水に感じる。これも豊かさの一つであろう。

京都市内のほとんどの小学四年生は、疏水記念館で課外授業を受けている。東京遷都で衰退した京都に活力を呼び戻すための国家プロジェクト「琵琶湖疏水」に子どもたちは何を感じているのか、一度、聞いてみたいものだ。

琵琶湖疏水と京の庭

岡崎「洛翠庭園」

◆疏水の水が生んだ新しい庭園

京都は、庭づくりにおいても「みやこ」である。世界で最も古い造園書とされる『作庭記』（平安後期）や『嵯峨流古法秘伝書』（室町時代）、秋里籬島が図絵を多用し庭づくりの法則を説いた『築山庭造伝・後編』（江戸後期）など多くの作庭書が京都で書かれている。これらの書物に記された技法を駆使した「池泉庭園」、「枯山水庭園」、「茶庭」などの名園を京都で楽しむことができる。これらの伝統を踏まえ、明治という変革の時代の中で新たな庭園様式を生みだす契機となったのが「琵琶湖疏水」である。

前述のように、琵琶湖疏水は東京遷都によって沈滞した京の都を復興するために、第三代京都府知事の北垣国道が弱冠二十三歳の土木技師であった田邉朔郎に命じて建設した、琵琶湖と京都を結ぶ水路である。その利用については、水道や水力発電、資材の運搬などが知られているが、起工趣意書の最初に書かれている目的が「水車をまわして機械を動かし、新しい工業をさかんにする」であったこ

疏水の水の取り入れ口（写真・池田 和）。

とをご存じの方は少ない。明治二十一年のアメリカ視察によって、水車の時代ではないことを悟った田邉技師は、東山の若王子《にゃくおうじ》・鹿ヶ谷村に予定していた水車を動力とした工場団地の計画を大きく変更させた。これによって工場団地として整備される予定であった南禅寺の周辺には、不動産を業としていた塚本与三次らによって豪商や政治家の邸が建てられていく。ここに新たな庭園づくりの需要が生まれることになった。

この庭園づくりで脚光を浴びたのが植治《うえじ》こと七代目小川治兵衛《じへえ》である。植治は、自然を大切にしながら、琵琶湖から取り入れた水を自在に扱い、池を中心にした「流れのある庭」に開放的な空間を創りだす独自の手法で、山縣有朋《やまがたありとも》邸の「無鄰《むりん》菴《あん》」や、平安神宮の「神苑」、西園寺公望《さいおんじきんもち》邸の「清風荘」をはじめ、對龍《たいりゅう》山荘、織寶苑《しょくほうえん》、洛翠《らくすい》、有芳《ゆうほう》

水の輝き一つから自然の力を感じる（写真・池田 和）。

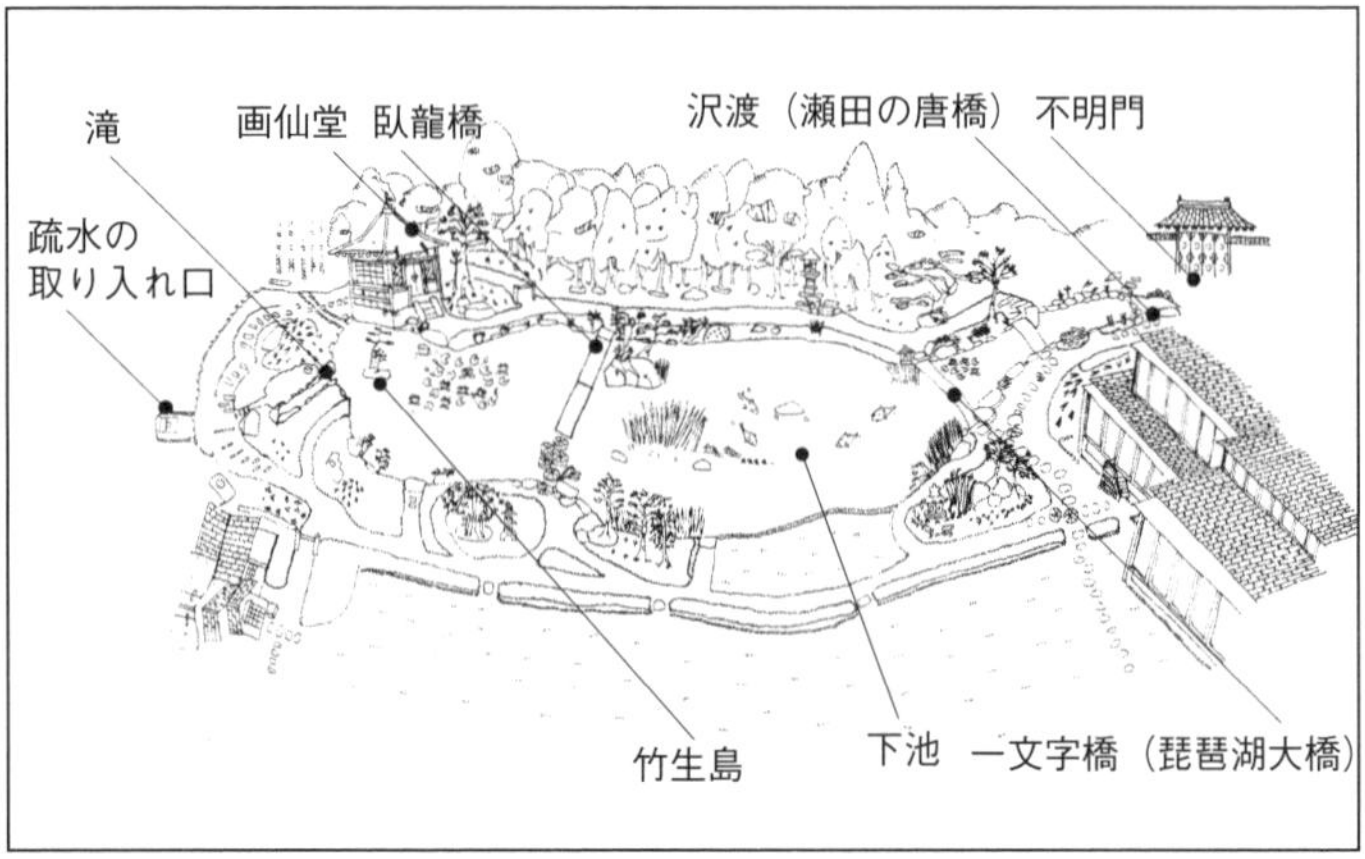

洛翠庭園の平面図（左京区二条通白川角）。

園《えん》など多くの「疏水の庭」を手がけている。

◆当代が復元修景、七代目植治の庭

この疏水の庭の一つである藤田小太郎邸であった洛翠を、十一代植治の小川治兵衛さんに案内いただく機会を得た。最初に、伏見桃山城から移築された「不明門《あかずのもん》」から小川の流れを見る。水の流れに導かれて園道を上がると、池が広がり、その先の東山の緑と空の青さが目に飛び込んでくる。

池を眺めながら、庭についてのお話をうかがう。「五年前に見た時は、樹木が生い茂り、七代目の作庭時とはまったく違うお庭でした。そこで、まず、池の形が見えるようにしました」、「明るい部分と暗い部分の比率が四対六であったのを、六対四に変えました。現代の施主は明るい庭を好まれますので」と、日本庭園には珍しい芝生に座り、ゆっくりとした時が流れる。

視線の高さに水面があるため、この場所からは分からないが、洛翠の特徴の一つは池にある。『作庭記』に「国々の名所をおもひめぐらして、その趣きのある所々を取入れ、自分のものにして……」とあるように、洛翠の池は琵琶湖を模した形状となっている。南海電車や関西電力などの創始者であり、琵琶湖の大津、長浜、今津間の汽船業を営む藤田家の方々は、この琵琶湖の出現をどのように受け止めたのであろう。

池と庭の関係について訊ねると、「臥龍橋《がりゅうきょう》から下池の周囲は、小さな石を横に使い広がりを持たせ、空を取り込むようになっています。水深も浅くし、水がきらめくことで軽快さを感じるように作られています」「上池は大きな石を縦に使い、視線を下にさせる工夫が見られます。よい庭は目線が下がります。逆に、悪い庭は目線が上がり、空だけを眺める落ち着きのない庭になります」と、作庭の秘伝を聞いた気になる。庭づくりと水の関係については、「水の動きを大切にし、動と静の組み合わせで喜びの水を表現するように心がけています」と教えていただく。『徒然草（第五十五段）』に「深き水は涼しげなし。浅くて流れたる、遙かに涼し」とあるのを思い浮かべた。

明治四十二年につくられた約千坪の庭園は、旧郵政省（現・日本郵政）が所有し、昭和六十二年から京料理を楽しめる宿として多くの方に利用されてきた。しかし、平成二十一年五月に閉館。平成二十五年に当代植治の手によって、光を取り戻した名園が公開されなくなる。当代も庭がこれからどのようになるのかはわからないという。庭づくりに込められた思いを、次世代へと引き継ぐことが、私たちの役目であろう。

洛翠のように疏水の水が引かれた庭園については、日本庭園文化史や京都の庭園に関する研究者の調査があり、それによると、疏水の水系は、扇ダム系、南禅寺系、市田系など八系統に分類され、洛翠は扇ダム系に属する。この扇ダムから水を引く庭園は、真々庵《しんしんあん》や清流亭《せいりゅうてい》など七代目植治の代表作が多い。疏水を庭園で用いたのは、明治二十六年に円山公園の噴水で使われたのが初めてというが、どうも噴水のある庭は、少し線が堅くて馴染めない。当代が何度も口にされたように、庭はアクビがでるぐらいが一番なのかもしれない。

本願寺水道

明治生まれの現役防火用水道

◆東本願寺を守る悲願の水道

京都には三つの水道がある。こんな話をしても誰も信じないかもしれない。たしかに山間地を除くと、京都市内の水道水は琵琶湖疏水に頼っている。ただ、疏水の水は京都市民の生活水だけではなく、京都御所と東本願寺（下京区烏丸通七条上ル）に防火用水として専用の導水管で引かれ、それぞれ「京都御所水道（御所用水）」、「本願寺水道」と呼ばれている。

「御所用水」は、京都府からの要請に応じて宮内庁が明治二十三年に新町頭から疏水分線の水を御所に引いていた水路である。その後、明治四十五年に水路を口径六百ミリの鉄管に変え、名称も「京都御所水道」と改名。百年にわたり京都御所を火災から守ってきたが、管路の老朽化のために平成四年に廃止された。

これに対して、「本願寺水道」は真宗大谷派本願寺（東本願寺）から京都府に導水を依頼した水道

御影堂の再建写真。木造建築として国内最大規模を誇る御影堂（正面76m、側面58m、高さ38m）の再建のようす（東本願寺 蔵）。

である。社寺といえども他に琵琶湖疏水を単独の管路で導水している例は見られない。いかに東本願寺にとって防火用水が重要であったかが推察される。その理由は、慶長七年（一六〇二）に創建された東本願寺をたびたび襲った火災にある。天明八年（一七八八）の「天明の大火」、文政六年（一八二三）、安政五年（一八五八）の京都大火、元治元年（一八六四）の「蛤御門《はまぐりごもん》の変」と、百年程の間に四回の火災にあったことで、明治十三年から再建に着手した御影堂《ごえいどう》の防火は重要な課題となった。そこで着目したのが、明治十八年に着工し、明治二十三年四月に完成した京都の新たな水源である琵琶湖疏水であった。

　京都府との協議は第一疏水完成から四ヵ月後の明治二十三年八月に始まり、琵琶湖疏水を完成に導いた田邉朔郎は二十三年中に調査を終わらせた。日本建築史家の村松貞次郎氏が取りまとめた「本願寺防火用水工事略年表」によると、明治二十七年三月二十九日には、田邉が京都に赴き、本願寺水道敷設による防火方法について、宗派への説明がなされ、四月上旬には、疏水の水を引用することについて京都府との間で合意が取られたとある。この背景には、田邉が提示した計画案が、消火に充分な水量と水圧が確保され、琵琶湖疏水開通の起工趣意書に記される「火災防虞之事」に合致することから、その妥当性を得られたためであろう。続いて五月には宗派に対して仕様書が渡され、当時の法主厳如《ほっしゅごんにょ》上人に加え、宗派・執事（宗務総長）の渥美契縁氏、そして再建事務局の足立法鼓、三那三能宣、小早川鐵僊各氏らが臨席の上、最終的な協議を行い起工が決定した。

工事は、御影堂が完成する前年の明治二十七年七月に着手。翌年の一月から始まった蹴上から東本願寺までの総延長四千六百六十五メートルもの埋設管工事が、掘削《くっさく》機械のない中で四十五日間という短い期間で完成していることは驚きである。今ではとても行うことはできない。さらに不思議なのは、この管路の間にマンホールが建仁寺の前の一ヵ所しかないことである。舗装の下に隠れているのであろうか。現行の基準では管理のために、管径六百ミリの場合最大でも八十〜七十五メートル毎にマンホールを設置することが義務付けられており、時代の違いを感じる。

◆環境に配慮したさまざまな取り組み

この第一期工事の噴水試験について、明治二十八年四月十四日の「日出新聞」（京都新聞の前身）は、

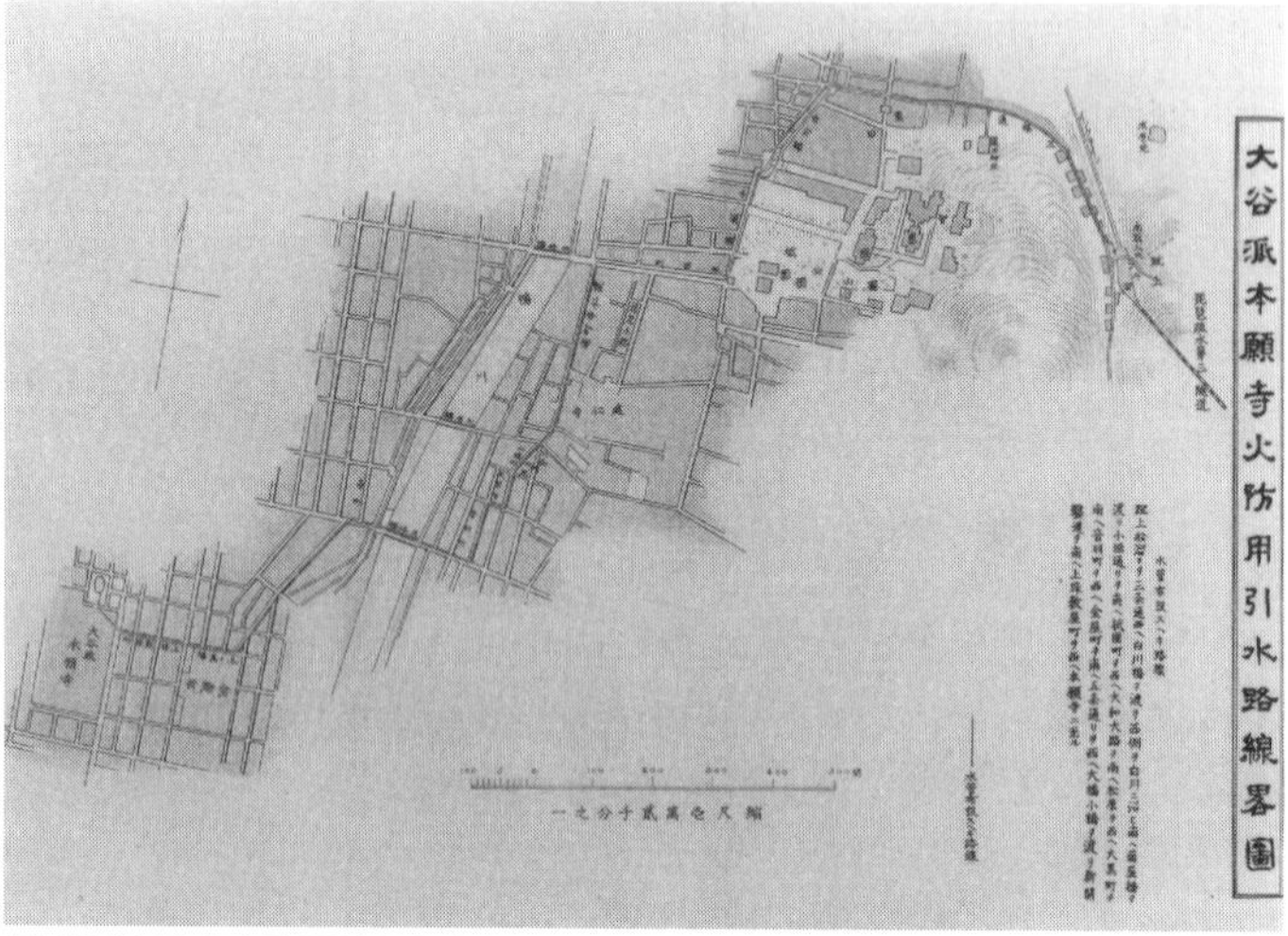

『大谷派本願寺火防用引水路線略図』明治28年頃（東本願寺 蔵）。

高低差図

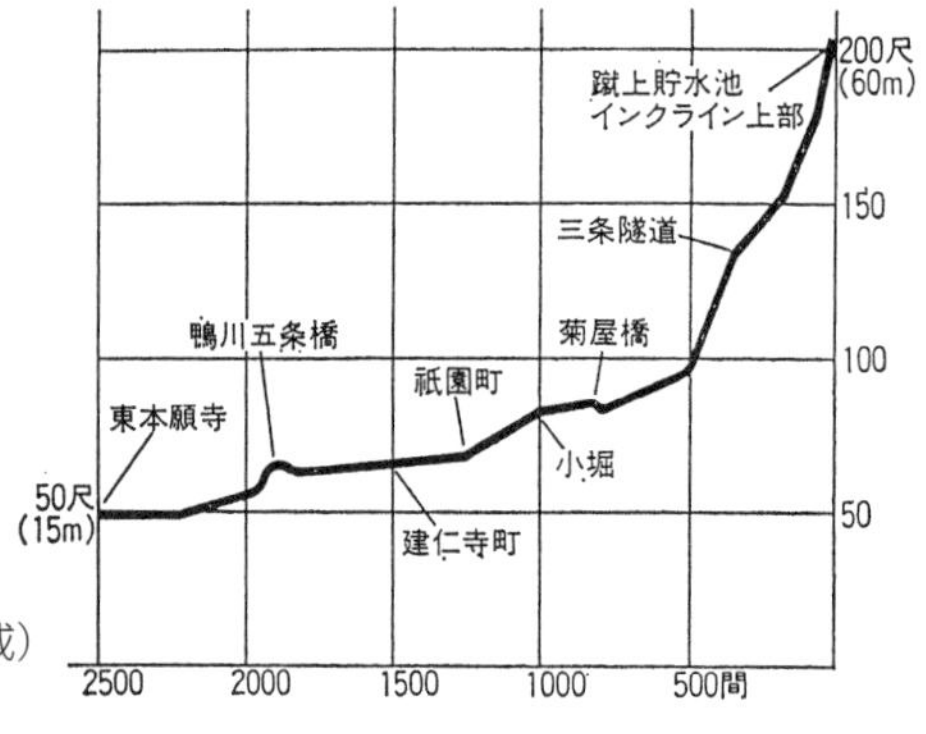

（宇土典之　作成）

配管ルート

蹴上～三条通西～白川西側を南下～小堀通（現在、東大路通の石段下から白川まで）～祇園町南側花見小路～建仁寺～大黒通（大和大路の西に並行）～五条通から五条大橋を渡り、枳殻邸北側～本願寺北手（現在の境内東北隅）にある貯水池

「遠く望めば白龍の天に昇らんと欲するが如く」と記している。蹴上と本願寺との高低差四十八メートルを活用し、口径百ミリの噴水口からは高さ十四・四メートル。口径五十ミリの噴水口からは高さ四十メートルに達し、御影堂の三十八メートルを超えたことで十分な消火能力があることが実証された。

　この後の境内配管工事では、口径三百ミリの鋳鉄管を三大門、大師堂、御影堂などの周囲にめぐらせるなど、総延長三千五百四十一メートルの防火用水路が整備された。この防災工事によって、八十三ヵ所の消火栓と三十八ヵ所のバルブが設置されただけでなく、御影堂と阿弥陀堂には日本の寺院として初めての防火用屋根散水設備と放水銃が設けられた。この成果のお披露目が明治三十年八月三日に行われた「噴水防火大試験」である。試験は土方宮内大臣を始め多くの参観者の前で行われ、そのようすを見た者は最先端の防火設備に驚いたという。

　百年以上前に整備された「本願寺水道」は現在も使用可能である。二〇一〇年の時点では、五条大橋下の導水管が破損しているため止められているが、管路が修復されれば、御影堂前の蓮の噴水、境内の蓮型の手水鉢、外堀の他、枳殻邸の池で疏水の水が使われることとなる。ただ、防火用水については地下水をポンプで汲み上げ、境内裏の貯水プールに貯えた水を使用するよう変更された。しかし、防火に関する基本的な仕組みは変わってはいない。明治の方々の思いは今も息づいている。

　琵琶湖疏水の水によって火災から守られてきた御影堂は、二〇〇四年から屋根の葺き替えや耐震補強などの修復がなされ、二〇〇九年十一月に修復完了奉告法要が行われた。今回の修復に際しては、伝統的な工法や技法を継承するだけでなく、環境配慮型で行われたことにその特徴がある。葺き替えられた十二万枚の瓦は、全て再利用、再資源化が図られた。瓦の用途としては、境内の修景材、砕いて駐車場の表層材や床下調湿材の他、門徒の方々に記念としてお分けするなどである。他にも雨水貯留タンクが設置された他、環境NPO団体と協働した「東本願寺と環境を考える市民プロジェクト」で、お堀のゴミ展示や生き物観察会を行うなど環境をテーマにした取り組みが進められている。寺院をフィールドにNPOと協働で環境問題に取り組む事例は少ない。社寺の多い京都ならではの新たな取り組みとして注目を集めている。

明治30年8月3日に実施された本願寺水道の噴水試験（東本願寺 蔵）。

古絵はがきに見る川

京の橋と水辺

◆大正から昭和初期の京都名勝絵葉書

先日のことである。「遺品を整理していたら古い絵はがきや書籍が出てきて、どうしようかと処分に困っている」と知人から相談があった。私が、「資料として、水に関する明治・大正期の絵はがきを集めています」とお話ししたところ、「役立ててください」と言ってくださり、知人の絵はがきは私の手元にある。多くの場合、ゴミとして捨てられてしまう古い絵はがきから、当時の水辺と人との関わりを繙《ひもと》いてみたい。

大正七年から昭和八年の間に発行された『最新　京都名勝絵葉書（三十二枚）』、『京都名勝絵葉書（三十二枚）』から人気スポットが見えてくる。このうち、四十九枚が寺社であり、観光の中心はやはり神社仏閣であったことが分かる。今も多くの人が訪れる清水寺や平安神宮などだけでなく、昭和四十八年に焼失した京都大仏殿も含まれており、仁王の顔が写っている。

マントを羽織った紳士が歩く「四條大橋」。約100年前の絵はがき。

明治以降に造られた構造物もある。「京都停車場」「京都帝室博物館」「三條大橋」「四條大橋」などの建造物にあわせて、琵琶湖疏水の主要な施設であるインクラインの下流側で魚釣りを楽しむ人の姿も見られる。この他に風俗を主にしたものも含まれており、京都記念動物園（現・京都市動物園）のライオンや、宇治の茶摘女、簑を着た嵐山の釣り人などに当時の暮らしぶりを感じる。ただ、鴨川や宇治川などの河川が、構図の中心になった絵はがきは見当たらない。

　鴨川や宇治川の絵はがきの有無について、太秦《うずまさ》にある絵入はがき研究所の矢原章氏にお聞きした。「四十年近く、絵はがきを調べてきたが、鴨川や宇治川のセットは見たことがない。川を中心にした絵はがきへの需要がなかったのでは」と教えていただく。戦前において、鴨川などの河川は暮らしの場であり、観光地として扱われてはいなかったのであろう。

◆古絵はがきが語る橋と船のある風景

一方で、橋梁《きょうりょう》を紹介する絵はがきは多い。京都では、三条大橋、四条大橋、五条大橋、渡月橋、観月橋、宇治橋などをよく目にする。四条大橋の絵葉書を見ていくと、アーチ橋の真ん中を市電が走っている。両側にある歩道にはマントを羽織った紳士が歩き、自家用車は見当たらない。明治四十五年の市電開通のために京都で最初に造られた鉄筋コンクリート製の大橋で、西洋風のデザインが美しい。上流東側の建物にはキリンビールと白雪の看板が掛けられ、道路を挟んで南座の前には仁丹の看板も見られる。面白いことに、五条大橋と三条大橋の上流東側にはアサヒビールの看板がある。ビール会社間でのPR戦争があったのかもしれない。

嵐山の渡月橋を下流から見た絵はがきも面白い。右に松を配し、

筏流しの絵はがきは、後ろに山脈がない「保津峡口」のものが多い。約100年前の絵はがき。

筏士が丸太の上に立ち、下流を眺める姿が印象的な「嵐山渡月橋」。
約100年前の絵はがき。

琵琶湖疏水「インクライン」の下流で釣りを楽しむ人びと。
約100年前の絵はがき。

木製の橋脚と高欄の美しい橋が真一文字に伸びる構図となっており、全体に拡がりを感じさせてくれる。正面には丸太の貯木場があり、浮かぶ丸太に立ち下流を眺めている筏士《いかだし》が見える。この絵はがきを見た人は「こんなに丸太があったのか」と、一様に驚かれる。嵐山を流れる桂川（保津川）は、平安の昔から都へと木材などを運ぶ水運の川としての歴史を持ち、現在は二十万人以上が保津川下りを楽しむ観光の川として知られている。

保津川に限らず、このような川下りの遊覧船や筏流しの絵はがきは多い。筏流しの絵はがきの説明書きに「京都保津川　南桑田郡保津より嵐山の下に出で大堰川となる　其上流奇石の間に屈曲し千態満状の奇観あり　保津川下りと称し観光の客　必ず遊覧する所なり」とある。長さ約四メートルの丸太を十二連につないだ約五十メートルの長さの筏を、わずか二人の筏士が巧みに操り川を下る姿は、当時の人から見ても勇壮に感じたのであろう。

日本において絵はがきが普及し始めたのは、政府が明治三十三年に私製はがきを認めてからになる。もちろん、それまでにも絵入り

絵はがきの発行年代推定資料（参考）

<table>
<tr><th>年月日</th><th>項　目</th><th>通信欄</th><th>郵便はがきの表記</th></tr>
<tr><td>明治６年</td><td>官製はがきの発行</td><td rowspan="2">通信欄なし</td><td rowspan="4">「きかは便郵」</td></tr>
<tr><td>明治33年</td><td>私製はがきの発行が許可</td></tr>
<tr><td>明治40年</td><td>住所欄と通信欄を線で分ける</td><td>通信欄1／3</td></tr>
<tr><td>大正７年</td><td>住所欄と通信欄の配分が変更</td><td rowspan="3">通信欄1／2</td></tr>
<tr><td>昭和８年</td><td>「か」→「が」に変更</td><td>「きがは便郵」</td></tr>
<tr><td>昭和21年</td><td>「右書き」→「左書き」に変更</td><td>「郵便はがき」と
「きがは便郵」が混在</td></tr>
</table>

はがきはあった。ちなみに、郵便はがきの制度が始まったのは、明治六年からである。絵はがきの時代を判断する方法は、「郵便はがき」の文字表記と、住所欄と通信欄を分ける線の位置が決め手となる。紙の厚さなども目安になるが、判断をするには経験が必要である。

小職が世話人をしているカッパ研究会が、二〇〇九年三月に作成した冊子『絵はがきから見る琵琶湖・淀川の水辺』には、四十二枚の絵はがきが掲載されている。琵琶湖・鴨川・木津川など水系毎に、当時の水辺が感じられる構成にしてある。この冊子を見ても、中心は船舶と橋梁である。特に宇治川の渡し舟や、木津川を帆掛け舟が進む姿などに当時のようすが偲ばれる。そこには、ゆっくりとした時の流れを楽しめた暮らしがあった。

保津川

千二百年の歴史を持つ川下り

◆角倉了以の保津川開削

平安時代に生まれた言葉に、「京戸《きょうこ》・京貫《きょうかん》」という聞きなれない言葉がある。律令政府が位階の高い者や功労のあった者に平安京の戸籍を与えたことを京戸。平安京の戸籍に付けることを京貫という。平安京に多くの人が移り住むことにあわせて、暮らしに必要な木材などの物資が京都に流れ込むこととなった。この水の道に淀川や宇治川、そして名勝嵐山で知られる桂川がある。ちなみに桂川は、流域ごとに上桂川、桂川、大堰（井）川など違う通称で呼ばれ、亀岡市保津町から京都市嵐山までを特に保津川と呼んでいる。

丹波国から桂川を使って運ばれたのは、江戸時代までは木材であった。平安京を造営した桓武天皇は、桂川の上流にある丹波国山国荘（現在の京都市右京区京北町山国周辺）を禁裏御料地に指定し、山国荘の杉や檜、松などの用材を桂川に流し、都まで運ばせた。桂川の水運に詳しい亀岡市文化資料

今はもう見ることがなくなった保津川の筏流し。約100年前の絵はがき。

館の黒川孝宏館長は、「近代まで大嘗会《だいじょうえ》の度に、貢租材木として五寸三寸三尋《ひろ》荒木（直径九センチから十五センチ、長さが五メートルの皮付き木材）が納められた。その後、丹波材の流通は、山方、筏問屋、材木問屋の三者が担うこととなり、その運搬量は年間六十万本から七十万本と推察される」と話す。

この水運が事業として成り立つことを示したのは、京都の豪商の角倉了以である。了以は七万五千両の私財を投じて、森鷗外の小説の舞台となった高瀬川を造ったことで知られているが、高瀬川の工事に着手する五年前に、桂川中流域に当たる亀岡市保津から京都市嵐山までの、十六キロメートルの区間を船が通れるように開削した他、天龍川や富士川の事業にも関わっている。工事に必要な経費を通行料から回収しており、行政が行うべき建設や運営などを民間の資金と能力で行った先駆けと言えよう。

角倉家について紹介すると、出身は滋賀県豊郷町吉田村で、本性を吉田と称した。了以の曾祖父に当たる宗臨は、室町八代将軍である足利義政に医術で仕え、父の宗桂も高名な医師であった。その一方で、町の金融業である土倉《どそう》を営み、慶長八年（一六〇三）には安南（現在のベトナム）との朱印船貿易を始めるなど、科学と商才に秀でた一族であることが分かる。文化的な事業も手掛けており、了以の息子の素庵は本阿弥光悦や俵屋宗達らの協力で、雲母《きら》刷の用紙を使い、美しい装丁をほどこした嵯峨本を出版している。『伊勢物語』や『徒然草』などの嵯峨本を国立国会図書館で見ることができる。

話を水運に戻そう……。角倉了以・素庵の親子は、慶長十年（一六〇五）に徳川幕府から桂川（保津川）の開削許可を得て、翌年の三月から、船が通れるように川を広げる工事に着手し、八月に完成させている。このわずか六ヵ月の間に、岩の上で火を焚いて

亀山公園の初代角倉了以像（大正元年建立）。第2次世界大戦中に供出された。約100年前の絵はがき。

もろくなった岩を砕く、綱をかけて岩を引っ張る、石割り斧で河床を掘り下げるなどの工事が行われた。了以は現場で指示を出したと伝わっており、このことを示すかのように手に石割り斧を持った了以翁の木像が、嵐山の中腹にある大悲閣千光寺《だいひかくせんこうじ》（西京区嵐山中尾下町）に安置されている。

この開削工事によって、木材だけでなく、米や塩、鉄、石材などのさまざまな物資を高瀬舟で都まで運ぶことができるようになった。物流の動脈が丹波国にもたらした経済的な効果は計り知れない。

◆丸太に替わり人が下る

時代は明治に移り、鉄道や道路が整備される中で、日本各地の水運の歴史は幕を閉じることとなる。京都を例にすると、高瀬川が大正九年、琵琶湖疏水では昭和二十六年をもって物資を運ぶ船を見かけることがなくなった。しかし、保津川の高瀬舟は物流から観光へとその役割を変え、二〇〇五年は三十万人が「保津川下り」

保津川下りマップ

（保津川遊船企業組合提供）

16キロ、2時間の「保津川下り」を楽しむ観光客（亀岡市観光協会 提供）。

を楽しんでいる。

なぜ、新たな役割を得ることができたのか。その魅力は、夏目漱石が明治四十年に記した『虞美人《ぐびじん》草《そう》』に見ることができる。文豪漱石は、

「……、先っきの岩の腹を突いて曲がったときなんか実に愉快だった。願わくば船頭の棹を借りて、俺が船を廻したかった」「君が廻せば、今頃は御互いに成仏している時分だ」「乱れ起る岩石を左右にめぐる流は、抱くが如くそと割れて、半ば碧りを透明に含む光琳波が、早蕨に似たる曲線を描いて巌角をゆるりと越す。……深い淵を滑る様に抜け出すと、左右の岩が自ずと開いて舟は大悲閣の下に着いた」

と、スリリングさと、渓谷を流れる水の美しさを描写している。もちろん、下船場所が日本有数の景勝地である嵐山であることも、大きな魅力の一つであることは言うまでもない。

この保津川下り、海外に映画で紹介されている。フランスの映画会社パテ・フレールが明治三十九年に作成した四分間の無声映画で、題名が「保津川の急流」。急流を下る着物や洋服姿の乗客、船を引き上げる船頭のようすなどを紹介している。大正時代にはルーマニア皇太子を始め、英国皇太子などが保津川下りを楽しんでおり、世界からも注目されていたことがうかがえる。

二〇〇六年、角倉了以が保津川を開削してから四百年目に当たる記念すべき年に、了以の業績の顕彰や水をテーマにした活動を展開した「保津川開削四〇〇周年記念事業実行委員会」では、保津川を世界文化遺産に登録し、より多くの方に知ってもらいたいとさまざまな事業を行った。千二百年間もの水運の歴史を語れる川が他にあるだろうか。よいものは本質を変えることなく、時代に合わせて成長する。保津川下りは、世界に誇れる日本の水運の一つである。

桂川

舟運の要「草津湊」

◆桂川にひらけた湊

「川に湊《みなと》がある」と言われて、不思議な感じがするのはなぜであろうか。私たちの暮らしの中で川の湊を使わなくなったのは百年ほど前のこと。それまでは川の湊を中心に町がつくられ、物資の往来とともに賑わいを見せていた。このことを私たちがすでに忘れてしまっている。それでは、どこに湊があったのだろうか。探し方は簡単で、「津・浜」を使った地名を見れば一目瞭然。「津」は湊を示す漢字であり、川沿いのいたるところに見られる。地名はおいそれと変えることはしない。例えば、瀬田川や宇治川なら粟津、黒津、関津、伏見津などがある。木津川や保津川は津がそのまま川の名称となっている。それぞれが都へと物資を運ぶ大切な集散地であるが、その中で最も重要な「津」を一つ上げるとすれば、桂川の「草津湊」としたい。

桂川は、京都、滋賀、福井の県境三国山（標高九百五十九メートル）を水源に、京都市、南丹市、

大正3年撮影の羽束師橋。羽束師橋から下流、数十艘もの船が見える（岡井英夫 蔵）。

亀岡市、再び京都市を流れ、京都市伏見区で鴨川を併せ、大山崎町で宇治川、木津川と合流して淀川になる延長百八キロメートルの大河。この桂川の湊として平安の昔から知られている「草津」は、貴人が都から旅立つだけでなく、瀬戸内海などを通じて都へと物資を運ぶための「舟運の要」として発展してきた。平安の昔を記した文献に草津を求めると、『平家物語（巻四）』に高倉上皇の厳島御幸《いつくしまごこう》の描写に「鳥羽の草津より御舟にめされけり」とある。保元の乱後、崇徳《すとく》上皇が讃岐に流されることを『兵範記《へいはんき》』の保元元年（一一五六）七月二十三日の条に「於鳥羽辺乗船、乗船後、一向讃岐国司沙汰」とある。この他に、菅原道真や法然上人などが草津から旅立ったとされており、都から瀬戸内海へと向かうための乗船場であったことが分かる。

当時の湊の場所は、中島村、下鳥羽村、横大路村の辺りにあったと考えられているが、場所は特定できていない。その理由は、洪水や豊臣秀吉の宇治川・桂川等の改修によって河川の流路が大きく変わり、湊の痕跡がなくなったためである。しかし、この「草津」の名は横大路村草津町に引き継がれ、豊臣秀吉が桃山に伏見城を築城した後は、大坂からのさまざまな物資が集まる湊として栄えることとなった。

◆物資集積地として栄えた草津湊

江戸時代に淀川・宇治川を行き交う舟は伏見船や過書船《かしょぶね》（二十石舟～三百石船）であり、その数は千数百隻と言われている。これらの舟は帆を掛けて風を利用することもあったが、よい風がいつも吹くわけではなく、人足たちが舟を曳いて淀川を上がっていた。伏見南浜が人を運ぶ三十石船の港であったのに対して、草津湊は物資を運搬する荷舟の港であったと伝わっている。伏見区老人クラブ連合会が発行した『子らに伝える伏見区風土記　総集』（二〇〇一年）に古老の一文として「ここまで（草津みなと）来る舟は百石船で、さらに下鳥羽の大沢さん、小笹さんの所へ持って行くには、ここで

大正8年に魚問屋である大橋家が、衰退する魚市場を偲んで建立した「魚市場遺跡碑」。

草津湊（横大路村）の年表

西暦	元号	事柄	出典
1156	保元元年	保元の乱後、崇徳上皇が讃岐へ配流（於鳥羽辺乗船。草津にて御船にのせ奉る）	兵範記、保元物語
1180	治承四年	高倉上皇が厳島神社詣のため、草津から乗船する	平家物語、高倉院厳嶋御幸記
1180	治承四年	中山忠親が福原から富森付近を通って京へ戻る	山槐記
1180	治承四年	福原遷都のため、建礼門院・後白河院ほか平家一門が草津みなとから出航	平家物語
1185	元暦二年	草津の記述が見える	玉葉
1207	承元元年	法然上人が草津から船出する	法然上人遠流記、勅修傳記
1353	文和二年	京都に迫る南朝の本隊が横大路辺りに陣をしく	園太暦
1443	嘉吉三年	横大路住人と鳥羽住人が印地合戦を行う	看聞日記
1508	永正五年	三条西家に届いた富森からの貢納物（富森若菜、年貢等到来、珍重々々）	実隆公記
1511	永正八年	富森が洪水にあう	実隆公記
1585	天正十三年	東福寺寺領で太閤検地が行われる （散所などの交通業者、永福庵、帝釈寺、西光寺の3寺が見られる）	東福寺寺領山城国横大路検地帳写
1594	文禄三年	秀吉が河川改修を命じ、宇治川右岸に堤をつくる	
1601	慶長六年	富森郷の年貢（五十七石二斗五升七合）・夫役（百姓三人）	梵舜日記（舜旧記）
1604	慶長九年	富森に横大路堤の普請が命じられる	梵舜日記（舜旧記）
1606	慶長十一年	富森と淀・伏見郷が談合し、堤に橋をかける	梵舜日記（舜旧記）
1633	寛永十年	幕府から飛脚人足役が命じられる	藤田（権）家文書
1698	元禄十一年	鳥羽・横大路住人が洛中米屋等への遺物について起請文を書く	藤田（権）家文書
1721	享保六年	横大路みなとへの御城米着船について車年寄の間で相論がおこる	藤田（権）家文書
1728	享保十三年	横大路村の浜問屋の記述（車数三十輪、人数二十二を数える）	鳥羽海藤車数覚
1744	延享元年	東福寺領横大路村南方の上納米目録	藤田（権）家文書
1778	安永七年	横大路漁師仲間の漁場について他村の漁師仲間が訴える	神村（正）家文書
1784	天明四年	横大路村の東側が水場となり、隣村が協議する	藤田（権）家文書
1788	天明八年	淀川の川床が高くなり、近村が水難になるという	藤田（権）家文書
1874	明治七年	横大路村と富森村が合併し、横大路村となる	京都府地誌
1888	明治二十一年	魚市が横大路村から七条停車場前に移転	
1919	大正八年	魚問屋、大橋喜兵衛が「魚市場遺跡碑」を建立	
1933	昭和八年	「魚市場遺跡碑」が台風のため倒壊	
1985	昭和六十年	京都水産物小売商業組合が「魚市場遺跡碑」を再建	

『京都の歴史（第16巻）』（京都市、1991年）等より（東垣真理子・鈴木康久　作成）。

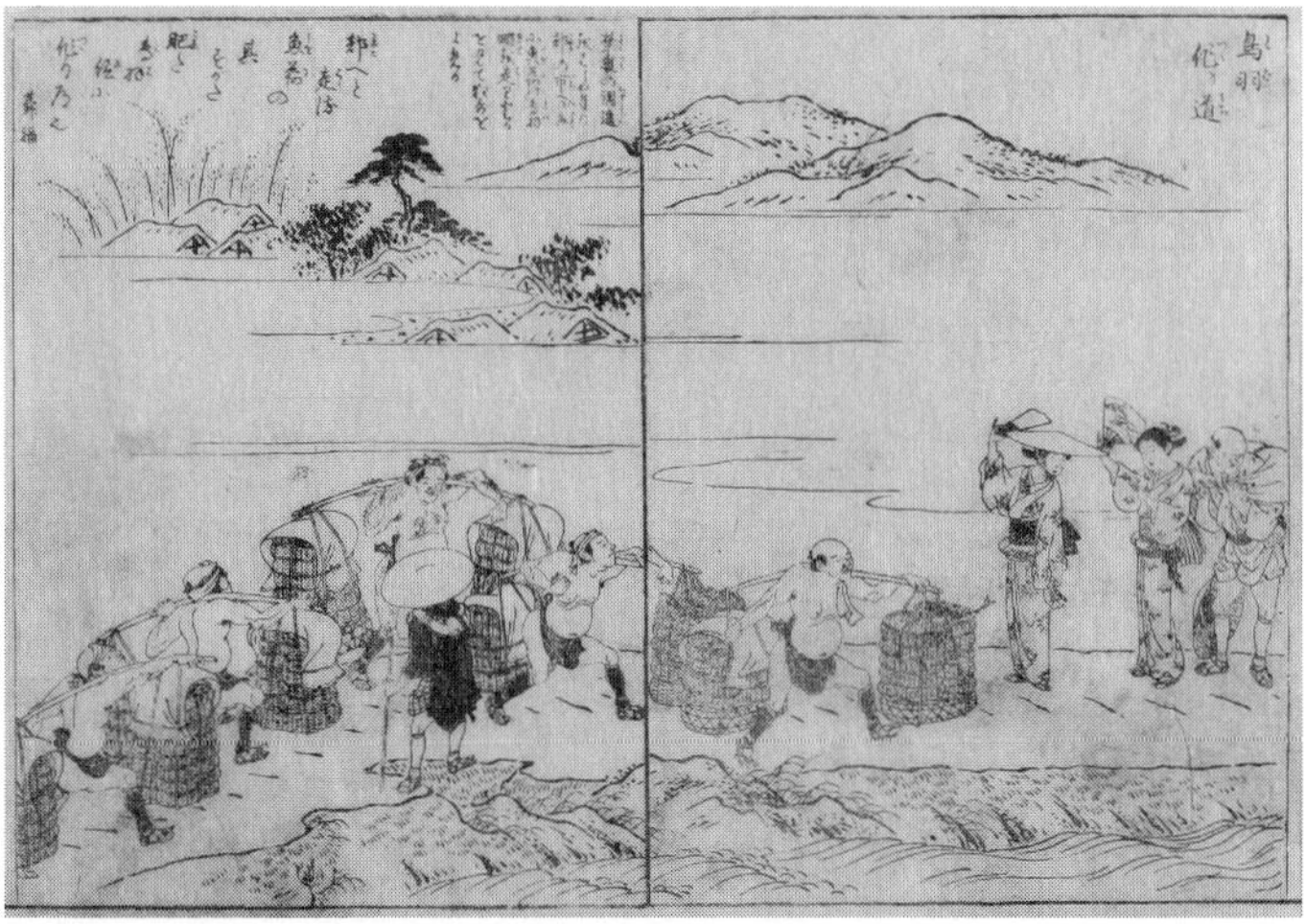

横大路村の草津湊に荷揚げされた新鮮な魚は、仲仕によって京の都へと運ばれた。『拾遺都名所図会』巻四より「鳥羽作り道」（国際日本文化研究センター 蔵）。

渡取舟（二十、三十石舟）に積み替えて上がって行ったようである。川が浅くなって百石船が上がれなかったのではないかと思う」との記述が見られる。このことは『藤田（権）家文書《もんじょ》』享保六年（一七二一）七月二十日条にも「横大路着舟之義ハ川筋深ク候故、大坂より大舟共すくニも入込、播州五畿内之御城米……。（中略）下鳥羽着ニ成候へハ瀬取舟多、播州五畿内之百姓方之難義大分之事ニて、殊ニ川筋浅ク諸事不自由共、たつ舟着悪敷候故、……」とあり、横大路村は川筋が深く湊に適していたことが分かる。

草津湊には、藤田家文書などから、大阪湾をはじめ紀州、阿波、淡路などの生魚や米、豆、雑穀、材木などが荷揚げされていたことが分かる。京都市が平成三年に発刊した『京都の歴史』によると浜問屋は九軒。草津湊から都への二里半の道のりを「走り」と呼ばれる仲仕《なかし》が「ホウホウ」と掛け声を掛けながら健脚を競い街道を急いだ。特に魚の荷が運ばれる時には、道の向かい側に渡れないほど、賑やかであったと伝わっている。

魚市場については、大橋家によって大正八年に羽束師《はづかし》橋から五十メートルほど下流の左岸に建立された「魚市場遺跡碑」に詳しい。碑文には「横大路村は、草津の湊と称し、難波より京都への要衝として平安遷都以来栄えた。豊公の桃山築城と共に、百貨の集散地として大小数十の問屋が並び、殊に生魚は健脚を競い都へと運搬された。慶応元年に徳川幕府より魚市場の公設を命じられると大橋孫四郎氏が経営に当たり、同業者が続出して賑わった。しかし、明治十年の京都神戸間の鉄道開通によって衰退した（要約）」とある。この賑わいを示す明治十年の調査では、「横大路村では二九七軒の住居に一二八四人が暮らしており、日本型船四八艘（五〇石未満荷船）、人力車九輌、荷車八輌を保有していた」とあり、豪商も多くお金を枡ですくっていたとの話も残っている。羽束師橋の写真は大正三年の撮影であるが、その舟の数に当時のようすがうかがわれる。

舟運から陸路での運搬が主流になり百年が経過した今、川の駅が注目されつつある。大阪では水都大阪二〇〇九の開催にあわせて八軒家浜の整備がなされ、クルージング船などが就航している。少ない動力で多くの人や物資を運ぶ、地球にやさしいエコロジーな水上交通の今後に注目していきたい。

宇治川

宇治橋と川の景観

◆江戸時代の宇治川旅行ガイド

江戸時代に入ると庶民も旅をする機会が増え、江戸や京都など各地のガイドブック（地誌）が刊行されるようになる。この一群の一つに『伊勢参宮名所図会』（一七九七年）などの街道や『淀川両岸一覧』（一八六一年）などの舟運沿いの名所を紹介する書籍がある。目的地までの行程を絵と文字で綴る図会の類は旅人にとって、また、その旅に憧れる人々にとって宝物であったことであろう。このうちの一冊『宇治川両岸一覧』を手に宇治川を訪ね、百五十年前と現在を比較してみたい。

『宇治川両岸一覧』は、文久二年（一八六二）に刊行された乾《けん》・坤《こん》二冊の名所案内記である。著者は暁鐘成で、挿絵を松川半山が描いている。挿絵の多くが川を中心とした風景であり、江戸時代と現在を比較できる貴重な資料となっている。描かれているのは、宇治川と田原川との合流点から伏見まで。特に宇治橋や平等院の周辺は屏風のように数枚の絵を組み合わせ、より実景に近くなるよう描い

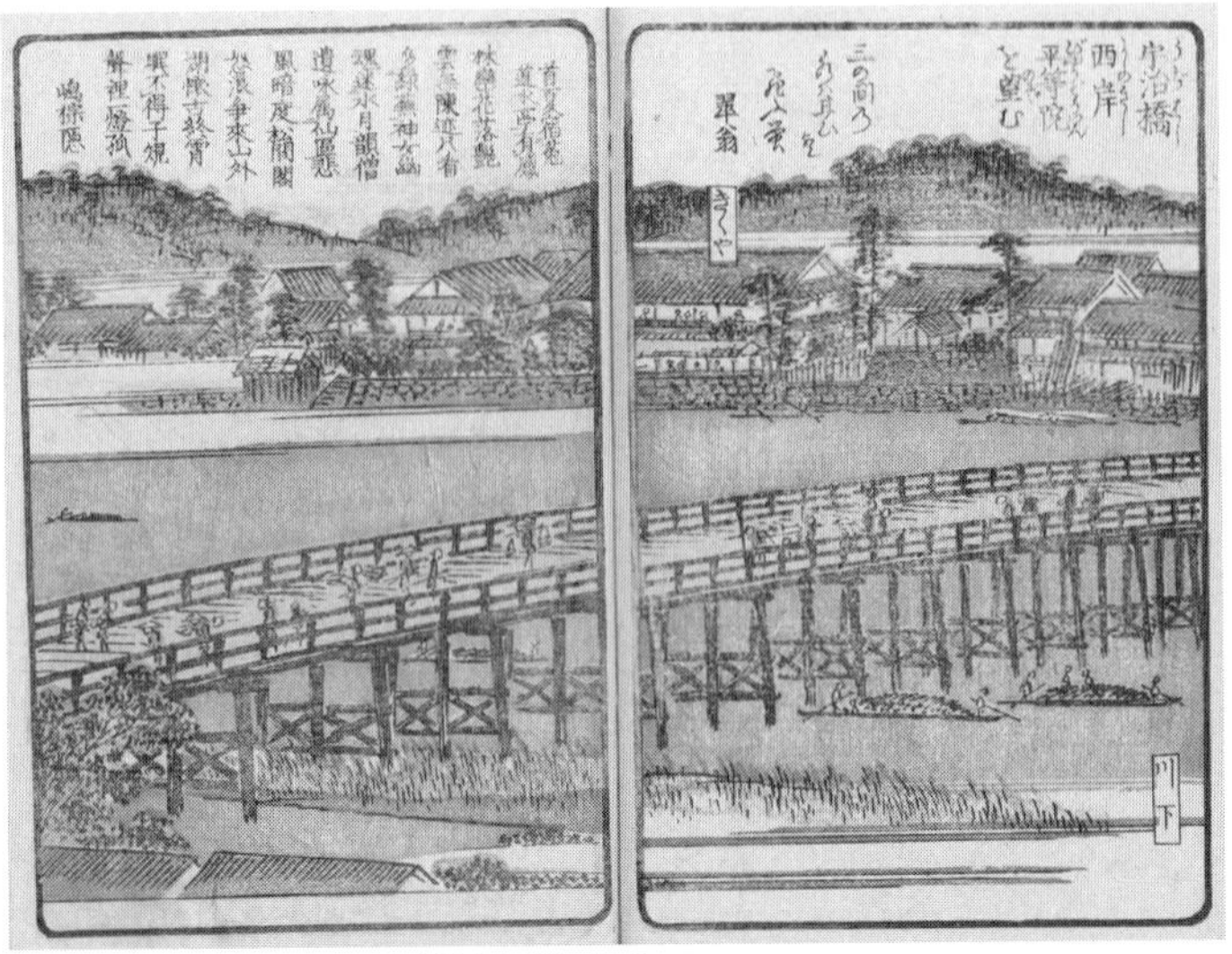

宇治橋両岸平等院を望む『宇治川両岸一覧』。

ている。この絵の中で宇治観光の最初のポイントとなる宇治橋周辺に着目してみたい。

　宇治橋西岸周辺を描いた四枚の絵を現在と見比べると、概観には大きな変化がないことに気付く。この理由は、景観を構成する線に変化がないためである。対岸の左岸は宇治橋の斜線と宇治川の横線で構成されており、全体のポイントを締める場所に「通圓《つうえん》茶屋」（宇治市宇治東内）がある。これらの線と点は、現在の京阪宇治駅から見る景観と同じである。

　細部を見ていこう。寛文十二年（一六七二）に建てられたと伝わる通圓茶屋が、全体に落ち着きを与えている。茶屋は江戸時代と変わることなく当時のまま。お茶を買い求める人、アイスクリームを手にする観光客で賑わっている。

　対岸に描かれているのは平等院（宇治市宇治

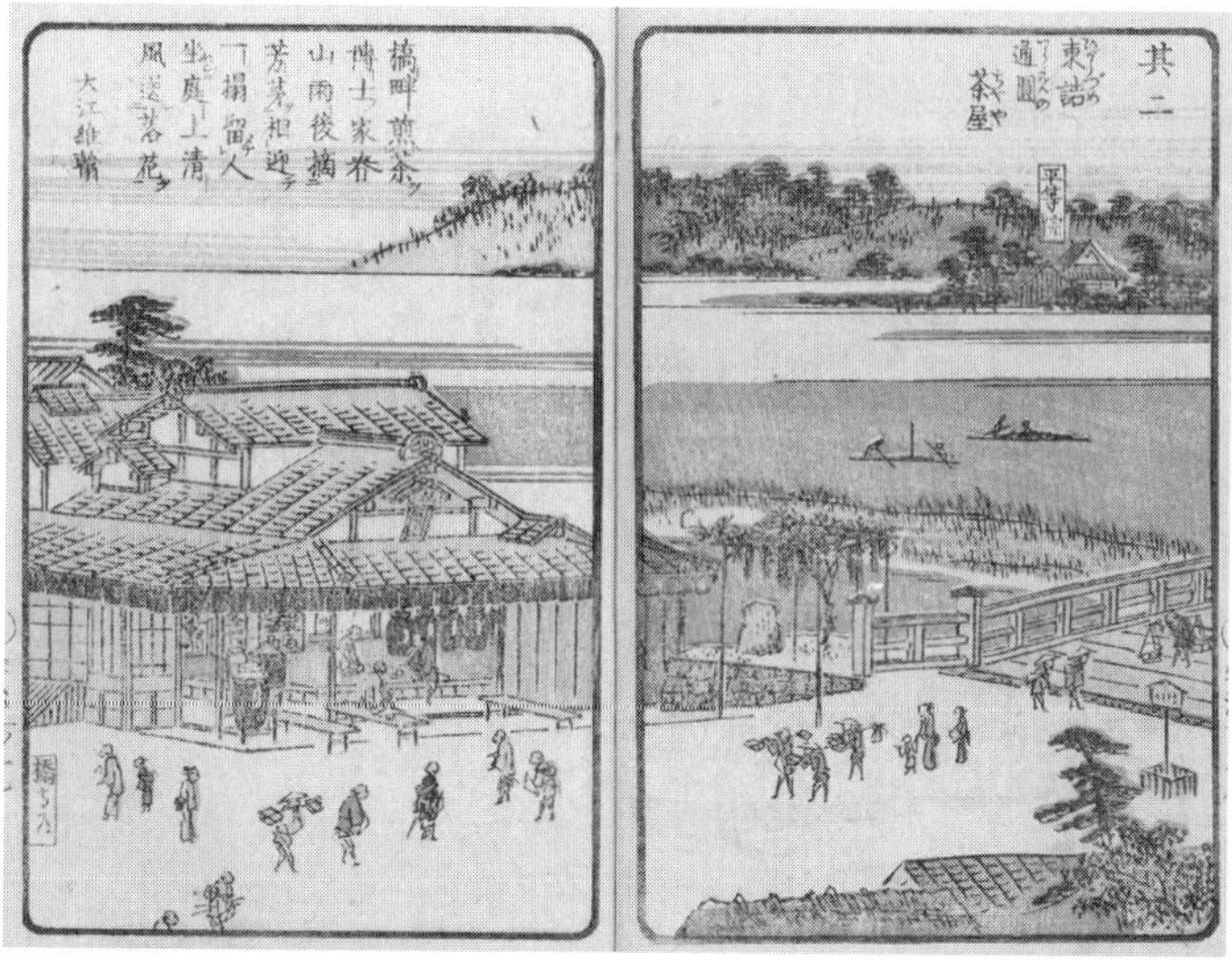

東詰通圓茶屋『宇治川両岸一覧』。

蓮華）と民家。民家は瓦屋根で、その中に「きくや」の文字が見られる。川沿いには、江戸中期にはなかった護岸が造られ、菊屋や材木屋などの家屋が川側に建て増しされている。菊屋萬碧楼（宇治市宇治蓮華）には多くの文人が訪ねており、萬碧楼の名は儒学者として知られる頼山陽が付けたという。現在は、茶舗中村藤吉がレストランを営業しており、お店の二階から宇治川を楽しむことができる。

川に目を移すと、何艘かの柴舟が宇治橋の下を通っている。帆掛け舟も見られる。舟を操っているのは二人の船頭。今では舟運を見ることはないが、昭和の初めまでは二十石の淀舟が、宇治橋西詰北側の宇治浜と興聖寺浜まで就航し、上りは屎尿や塩などを宇治まで運び、下りは竹や柴、炭などを運搬していた。

宇治橋。約100年前の絵はがき（宇治市歴史資料館 蔵）。

◆宇治橋と美しい景観

この絵の最も重要な部分は、宇治橋である。文中に「宇治橋　大路方より宇治の庄に架す。丑寅より未申に架る。長さ八十三間四尺余、幅三間。其初めは人王三十七代孝徳天皇の御宇大化二年に、元興寺の道昭和尚これを造ると『日本後記』に見えたり」と記されている。大化二年（六四六）は千四百年余りも昔のこと。記録上に残る日本最古の橋と言われる宇治橋は、同じ淀川水系の瀬田唐橋（勢田橋）と山崎橋（現存しない）とともに三大橋として名を馳せていた。歴史だけでなく、その規模にも注目したい。橋長が約百五十メートル、幅五メートルは、京都の街中に架かる三条大橋の橋長百十メートル、幅七メートルとほぼ同じである。いかに多くの旅人が宇治橋を利用していたのかを知ることができる。現在の宇治橋は、一九九八年に架け替えられた。この際に景観が重視され、昔の面影を残すために橋脚の数も六列とし、高欄には国産の檜材を用い、擬宝珠もつけられた。興味深いのは、江戸時代の高欄には擬宝珠が見られないことである。宇治橋の最大の特徴である三の間《ま》も引き継がれている。

三の間とは宇治橋の西側から三つめの橋間に設けられた張り出しのことで、ここで汲まれた水を秀吉公が、毎朝、伏見のお城に運ばせたことでも知られている。この話が伝わり江戸時代の宇治の絵には三の間が必ず描かれるようになった。少し笑ったことに、橋の上下流の両方に三の間が描かれている絵を見たことがある。絵師は宇治橋を見ないで描いたのであろうか。

『宇治川両岸一覧』を眺めていると、美しい景観とは何なのかと考えてしまう。得た結論は景観の美しさを感じる二つの基軸である。一つは、景

宇治橋「三の間」より宇治川絶景を望む。約100年前の絵はがき
（宇治市歴史資料館 蔵）。

観の連続性。例えば、優美な平等院だけが雑然とした街中にあっても、美しいとは言えない。宇治川の流れ、川沿いの樹木、周辺の社寺などの連続性の中にあるので美を感じる。平等院までの参道で不似合いな看板や建物に違和感を受けるのは、景観の連続性を途切れさせるからである。

もう一つの基軸は、時間の連続性である。宇治橋、社寺、老舗の茶屋だけでなく、石積護岸や水の流れなどの全てが連綿と続いてきた文化である。一つひとつに歴史があり、物語を持っている。その物語を聞くことができる景観こそが大切ではないだろうか。

第四章

京の水と食文化

章扉：『拾遺都名所図会』巻四「菜切石」
（国際日本文化研究センター所蔵）

〈第4章関連マップ〉

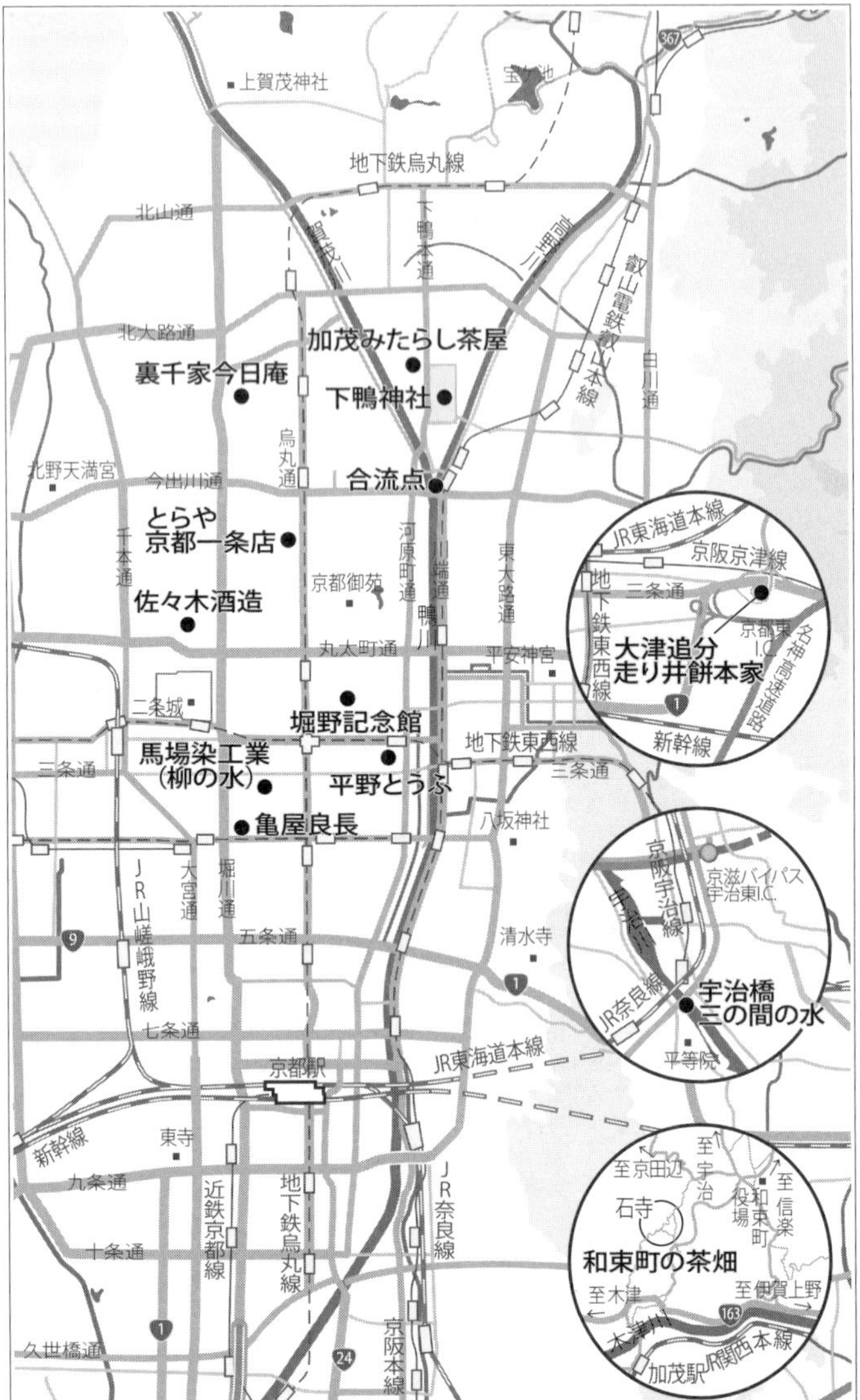

京の水と食べ物

豆腐食べくらべ大実験

◆水にまつわる食談義

酒の席などで、私が京都の水文化を研究していることを伝えると「京都は水がよいから、麸《ふ》や湯葉、京野菜などおいしい食べ物が多いですよね」と話題を振られることが多い。たしかに、豆腐をおいしそうに食べるオランダ人の姿が描かれた江戸時代の図絵もある。水と食べ物となると、次のような話となる。

……よく雑誌で、老舗の御主人が「昔から井戸水を使っている。この水でないと店の味は出せない」などと言われますよね。味を比べたことがないので、御主人の話が本当かどうかは分かりませんが、京都の水はよいと思います。

例えば、江戸時代に賀茂川と高野川の合流地点の水が「薬を煎じる水や白粉を伸ばす水。絵の具の水」として売られていた引き札（広告）が大阪で見つかっています。京都の水が大阪で売られるなん

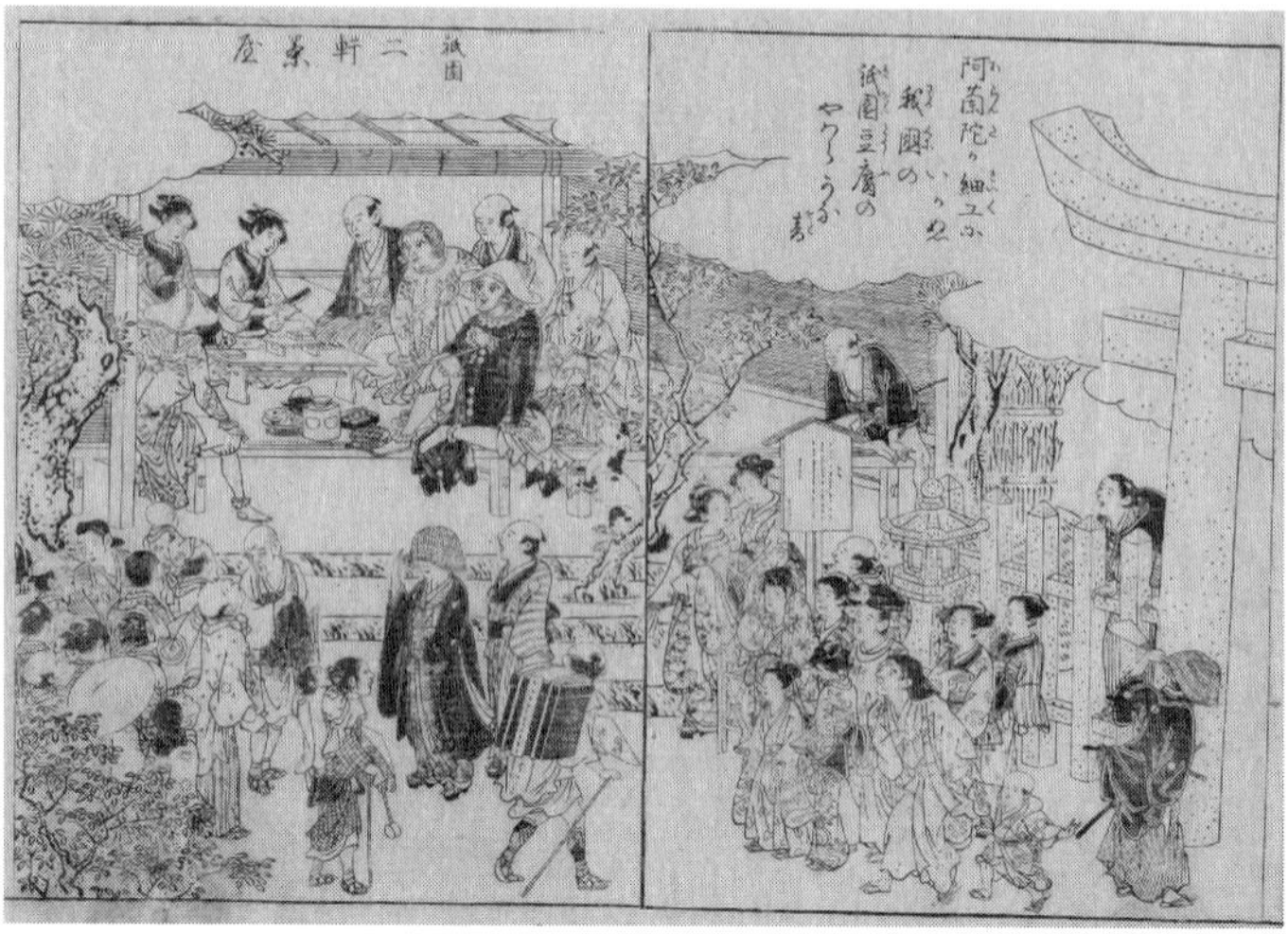

祇園二軒茶屋（『拾遺都名所図会』巻二）。オランダ人が二軒茶屋の名物で豆腐田楽を食べている（国際日本文化研究センター 蔵）。

て不思議ですよね。

老舗に行くと「井戸を使われていますか」、「水道水と何か違いますか」と、つい聞いてしまいます。ある料理屋さんは「お吸い物に水道水を使うと少し白く濁る」、和菓子屋さんは「井戸水だと小豆がおいしく炊け、香りが違う」と言われます。麩に至っては「水道水を使うと、塩素がグルテン塊の表面をヌルヌルにしてしまい、商品にならない」とのことで、水道水に含まれる塩素が影響を与える場合もあるようです。

でも、豆腐屋さんや和菓子屋さんには、水道水を使われている老舗もあり、その理由を聞くと「水道水は安全な水だから」とのことです。特に井戸水でなくても、塩素を除くとおいしい食材を作ることができるのでしょう。味覚は人によって違いますから、「おいしい」は難しいです。

井戸水を使うメリットの一つは水温です。京都の地下水は一年を通して十六～十七℃なので、小豆や大豆などの材料を水に浸ける時間や炊く時間を、季節に応じて変えなくて済みます。これは、同じ味を作り続けるのに大切なことです。……などなど、食談義は続く。

豆腐・湯葉の製造工程略図

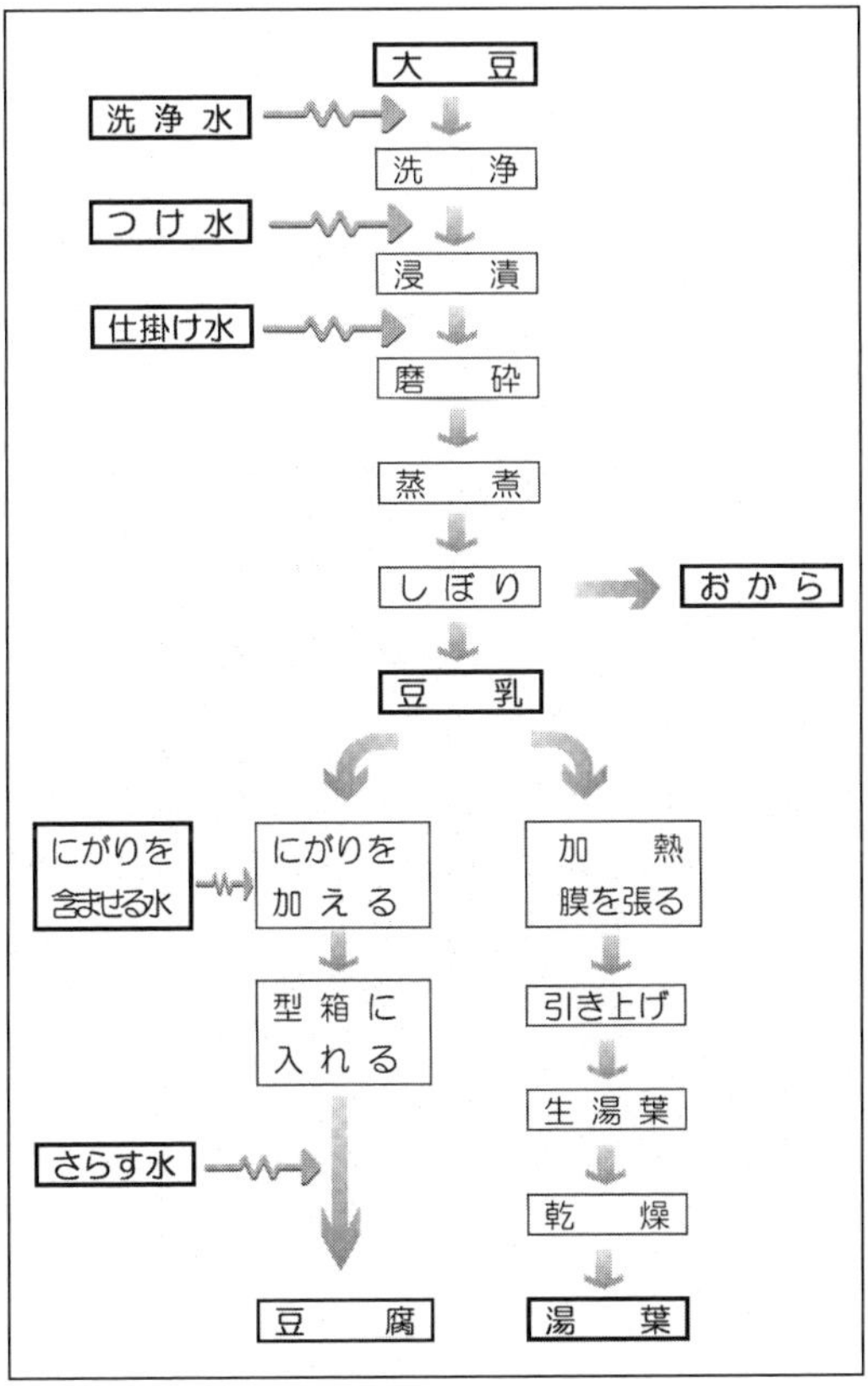

◆三種の水を使った豆腐の食べくらべ

この水質の違いが、食味にどのような影響を与えているのかを調べるために、大学の講義で学生に食べてもらう実験を行った。選んだ食材は豆腐。その理由は豆腐の約九割が水分であり、豆腐作りには「つけ水」「仕掛け水」「にがりをふくませる水」「さらす水」と最初から最後まで、大量の水が使われているからである。実験には、名店として知られる平野とうふ（中京区姉小路通麩屋町角）さんに協力してもらった。最初に味をくらべる候補となったのが豆乳。大豆のつけ水に「水道水」「名水」「硬水（エビアン）」の三種類を使って、自宅で豆乳を作り飲み比べたが、豆乳作りのできが味を左右するため比較をあきらめた。次に、豆腐をさらす水を「水道水」「お店の井戸水」「硬水」で行うことにした。その理由は、さらす水が豆腐に使われる最後の水であり、数時間も豆腐を浸ける水が味覚に影響をもたらすと考えたからである。

豆腐を食べくらべている学生。

実験では四十一人の学生に、豆腐に使った水を教えないで、おいしいと感じた豆腐の順番とその理由。そして、どの豆腐に「水道水」、「井戸水」、「硬水」を使ったと思うかを聞いた。学生からは、水によって「味が異なる」との回答が多く、水の違いが味に影響を与えることが分かった。ただ、味よりも食感（口あたり）の違いについての記述が多く見られ、その代表的な例は「Aが一番固く絹ごし豆腐のようで、Bは最もムラがない。Cは少し軟らかくなめらかな感じ（使った水は、A：井戸水、B：硬水、C：水道水）」であった。豆腐そのものの固さが違わないように平野さんに豆腐を選んでいただいたので、食感や味の違いは水によって生じたと思われる。「おいしいと感じた豆腐の順番」、「豆腐に使われていると感じた水の種類」に対する学生の回答は、ほぼ均等に分かれており、水の違いが豆腐のおいしさを左右しないことが確認された。やはり、味覚は人によって異なる。

おいしいと感じた豆腐の順番

おいしいと感じた豆腐の順番	人数
井戸水、硬水、水道水	3人(13%)
井戸水、水道水、硬水	5人(22%)
硬水、井戸水、水道水	4人(17%)
硬水、水道水、井戸水	4人(17%)
水道水、井戸水、硬水	2人(9%)
水道水、硬水、井戸水	5人(22%)

(回答者数　23人／41人)

一番おいしいと感じた豆腐に
使用したと思う水の種類

井戸水	硬水	水道水
24人(89%)	3人(11%)	0人(0%)

(回答者数　27人／41人)

一方で、イメージが味覚を左右することも分かった。一番おいしいと感じた豆腐に使用されたと思う水の種類の約九割が井戸水であったからである。これは、「井戸水で作られた豆腐はおいしい、だから自分がおいしいと感じた豆腐は井戸水で作られているはずだ」との、学生の井戸水に対する想いを反映している。

平野とうふの三代目御主人である平野良明さん

は「味のよし悪しは、豆腐作りの腕で決まる」と言われる。江戸時代の京都は三メートルも掘れば井戸水が湧き、都のどこに住んでも井戸水を使い、豆腐屋や湯葉屋を営むことができた。このため、それぞれの町内に豆腐屋があった。腕を競い合うことで、豆腐作りの技術も向上したのであろう。

井戸水を使うことが、直接的においしい豆腐を作ることには繋がらないが、井戸水がお店独自の味を育んでいることは紛れのない事実である。井戸水を使った食材は、水道水を使うよりも優れていると感じる方々の想いを大切に、地下水の水質を大切に守っていくことが私たちに求められているのではないだろうか。

京菓子と水

和菓子を彩る水の意匠

◆京菓子が表現する「水」

京の食文化について話をする時、和菓子の存在を忘れることはできない。知人を訪ねて四季を彩る京菓子をいただけると日本人でよかったと、幸せな気分になる。京都の年中行事に必要な粽《ちまき》や雛菓子《ひながし》に加えて、四季の彩りや古典文学を想わせる和菓子が創意工夫のもとで生まれてきている。形や色に品格を感じ、おいしくいただける和菓子の中に「水の意匠」を探してみたい。

そもそも菓子は、「木菓子」と呼ばれたように木の実や果実の類であり、『延喜式（巻三十三）』（九二七年）の「諸国貢進菓子」には、全国各地からヤマモモ、栗、橘、梨、グミ、イチゴなどが朝廷に納められたとの記述がある。このような果実だけでなく、餅や粟の類、米粉や小麦粉を練って油で揚げた「唐菓子」なども平安の昔から食べられてきた。このような素朴な菓子が、京の都で「薄氷」などの上手《じょうて》の御菓子へと移り変わってきたのは元禄の頃である。『京羽二重（巻六）』（一六八五年）によると、

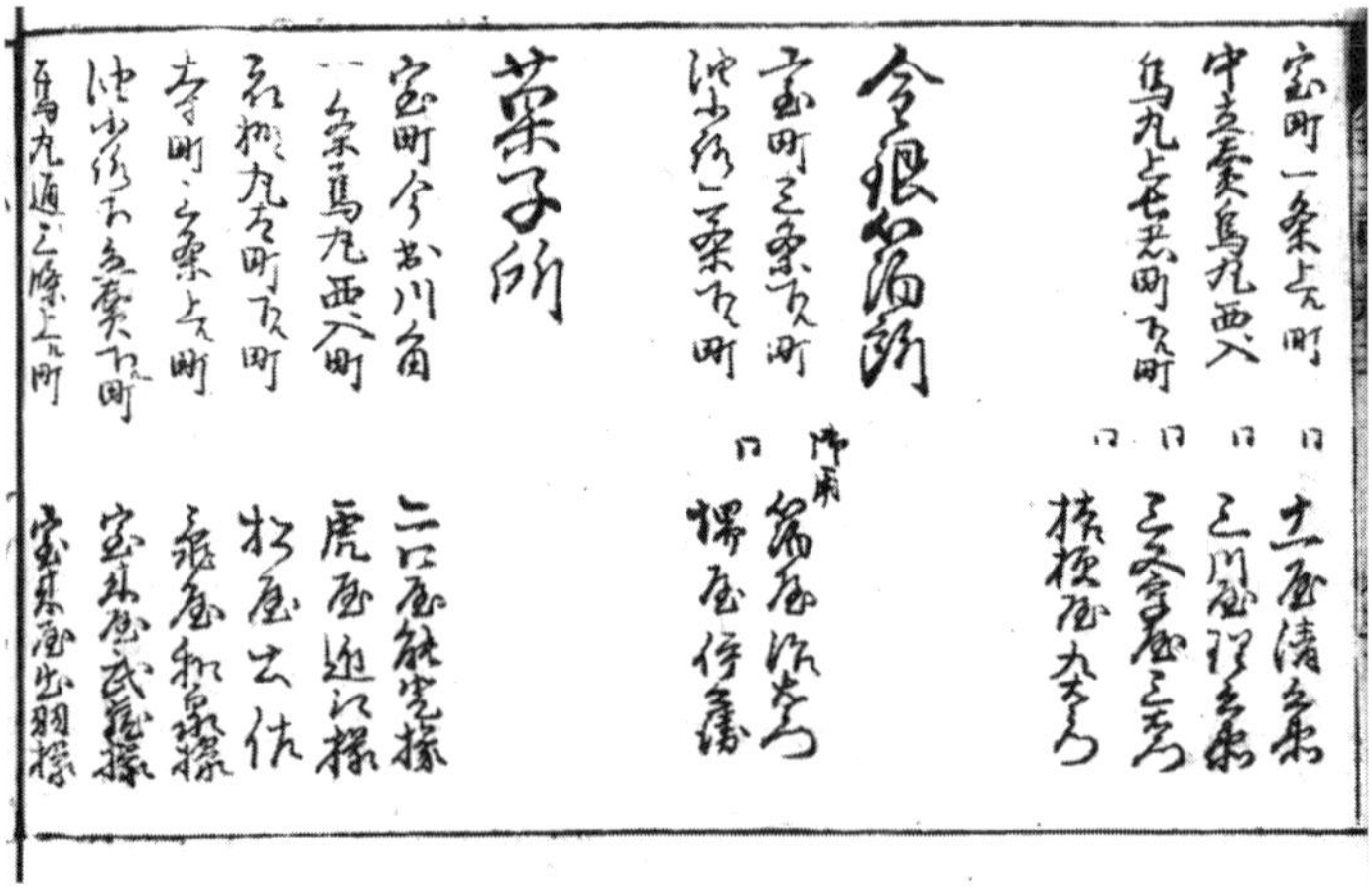

『京羽二重』に記された和菓子屋の一覧。左ページの写真も（京都府立総合資料館 蔵）。

都の菓子処は二十三軒で「二口屋能登掾、虎屋近江掾、松屋土佐、亀屋和泉掾、宝来屋出羽掾、丁子屋越前掾、桔梗屋河内掾、亀屋陸奥」などの名店が並ぶ。これらの菓子屋が趣向を凝らす中で、和菓子は大成してきたと言えよう。その中に季節の彩りを水の意匠に求めた品々がある。

水の意匠もさまざまで「花筏」などは餡を包んだ桜色の求肥に、焼印で桜の花びらと三本の線で川の流れを表現している。川面に流れる花びらを、筏に例えたようにも見える愛らしい一品である。このシンプルな文様に季節を感じ、食べたいと思わせる。まさに文様のマジックと言えよう。流水文と草木の取り合わせは、紅葉にも見られる。流水の上に紅葉を配した干菓子「竜田の淵」。古今和歌集などで詠まれている「竜田川」を表現している。古典文学が源になっている和菓子は多く、菓銘でその意図を汲み取ることができるのも知

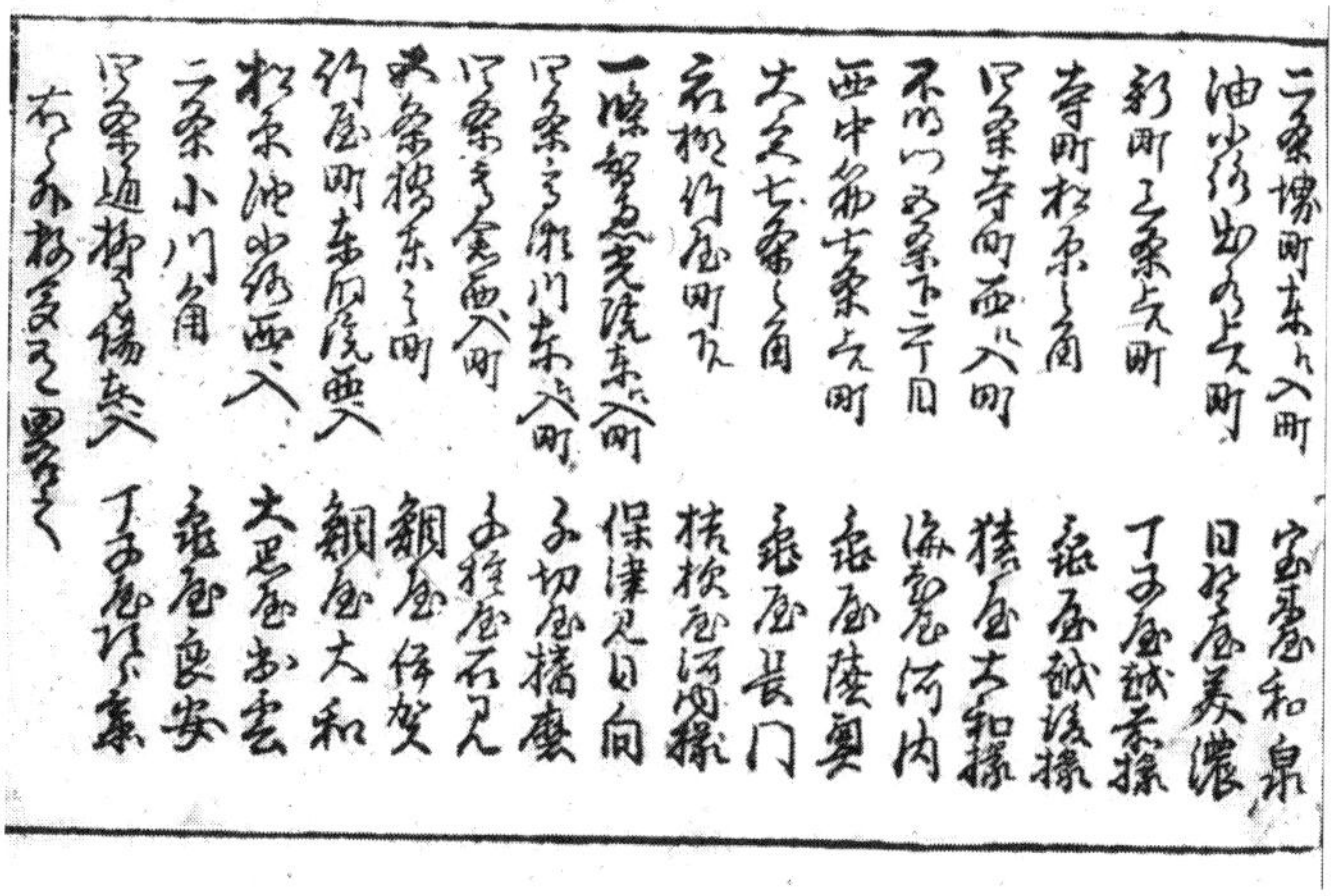

識人としての嗜《たしな》みの一つと言えよう。

葛や寒天などの透明な素材で水を表現することもある。透明な寒天の中に金魚を泳がせた虎屋の「若葉蔭」などを見ると、その清涼感と美しさに、食べることも忘れこのまま持ち帰りたくなる。氷を表現する素材の代表格は外郎《ういろう》。六月になると「水無月」がどの店先にも並ぶ。三角形の外郎生地の表面に小豆、氷室から宮中へと運ばれた氷を思い浮かべることができる。他にも葛饅頭に色と形で工夫を凝らした品々など夏向きの銘菓が揃う。

◆水の形状から生まれた菓子

形状で水を表現する一品も見られる。水滴を象《かたど》ったのが「走井餅《はしりいもち》」。平安の昔からの名水「走井」を看板にした餅屋の名物として知られ、つきたての白い餅で餡を包んでいる。お店は江戸中期から明治にかけて

若葉蔭

観世水

水の意匠の和菓子。（虎屋提供。とらや京都一条店：上京区烏丸通一条角）

逢坂《おうさか》の関を越える旅人で賑わったといい、今も大津追分の走り井餅本家（大津市横木）と石清水八幡宮《いわしみずはちまんぐう》の門前にある走井餅老舗（八幡市八幡高坊）で食べることができる。御手洗団子《みたらしだんご》も水に関わりが深い。下鴨神社で行われる葵祭で、斎王代が清めの儀式を行う御手洗池の池底から湧き出る清水。この清水を五つの水泡で表現し、串団子にしたのが御手洗団子という説がある。山間の池でゆらゆらと湧き出る清水を見ると、たしかに池底から団子が出て来るようにも見える。

他にも名水に由来する和菓子は多く、その一つに「醒ヶ井餅」がある。醒ヶ井は八代将軍足利義政がお茶に好んだことで知られる天下の名水である。この名水の名をもらった「醒ヶ井餅」は、のし餅を一夜陰干しにして、正直鉋《しょうじきがんな》（刃を上向きにし固定させた鉋）で削って作られていた。今でいうと、東北地方に多い「かき餅」である。二百年以上の時が経ち、京都には江戸時代に人気であった「醒ヶ井餅」を売っているお店はないが、白味噌入りの青羊羹を求肥で巻いた「醒ヶ井」をいただくことができる。醒ヶ井通に

虎屋大正7年見本帳（虎屋提供）。

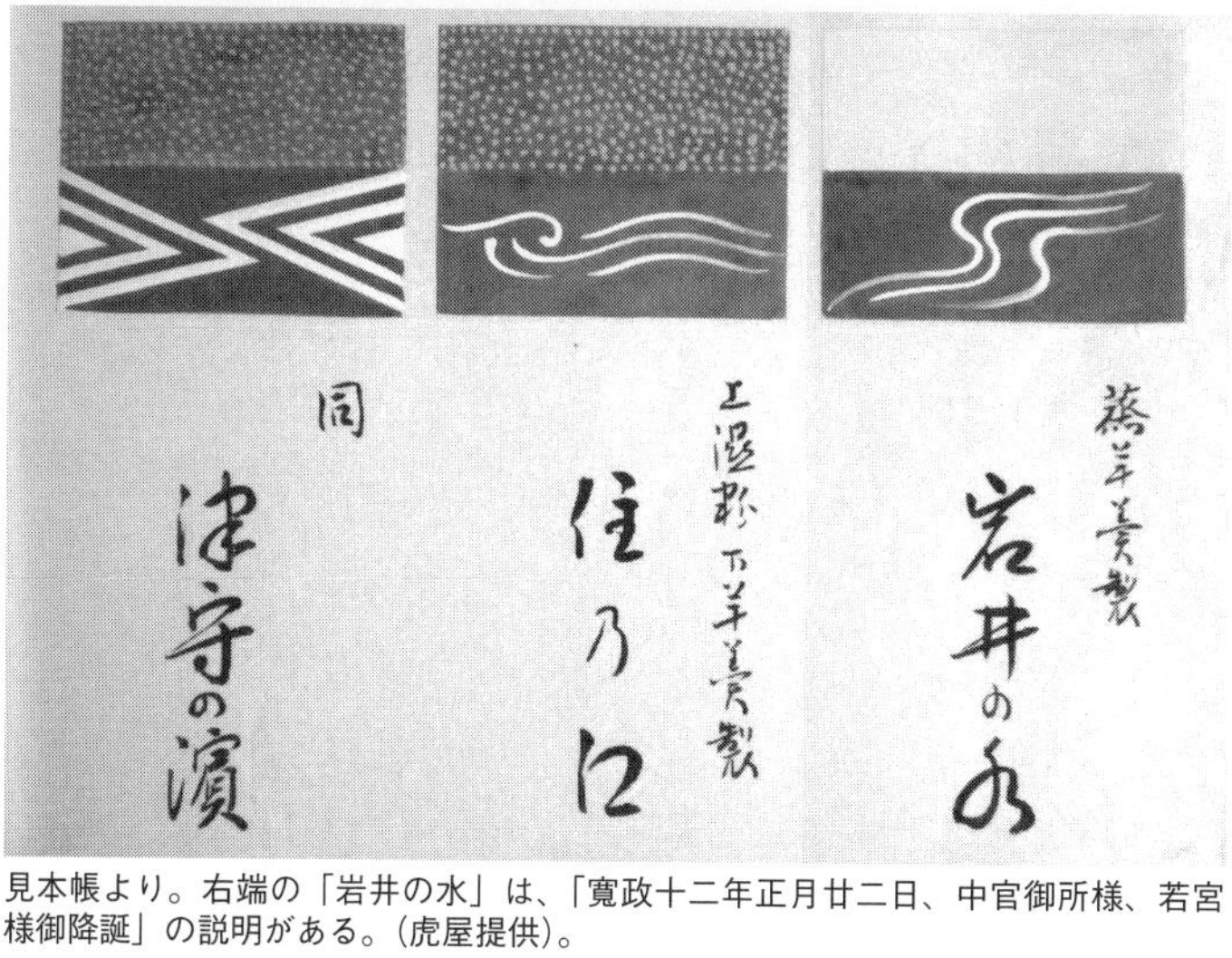

見本帳より。右端の「岩井の水」は、「寛政十二年正月廿二日、中宮御所様、若宮様御降誕」の説明がある。（虎屋提供）。

お店を構える亀屋良長が平成に入り誕生させた銘菓である。この銘菓、切り口が渦巻き文様になっており、井戸に湧き出る水を表現している。

水の文様は、花筏に見られる流水文と井戸をイメージできる渦巻文、そして岩に飛び散る波文様の三つが代表的である。「紅白梅図屏風」で知られる光琳水のように流水文と渦巻文を組み合わせた文様も生まれている。数本の線を平行に、そして反転させる渦巻文や流水文は、エジプト、中国、アンデスなど世界の各地で生まれ、それぞれの民族の暮らしの中に息づいている。日本も同様で、博物館で縄文土器や銅鐸《どうたく》などに描かれた水文様を見ると、先人の水への想いを感じ、豊かな水こそが原点であることに立ち帰ることができる。水への想いは、いつの時代、どの民族においても変わることはない。

京の酒造り

水が命、洛中の酒蔵

◆酒造りと京の地下水

祇園囃子《ぎおんばやし》が聞こえてくると冷酒が恋しい季節である。スッキリとした京の日本酒を口にしながら、ハモを梅肉でいただくと、暑い京都の夏もまたよしと思えてくる。

「伏見の女酒、灘の男酒」と言われるように、かつて酒造りの技術が未成熟な頃は、日本酒の味は水で変わった。伏見のお酒が、中硬水の伏水《ふしみず》を使っているため甘口の酒になり、灘の宮水は硬水であるため発酵が早く辛口の酒になる。このように水質は、酒の味に大きな影響を与えてきた。これはワインなどが果汁を発酵させて造られるのに対して、日本酒は蒸米と麹米、そして仕込み水を加えて造られるためである。仕込み水の量は、米一トンに対して一・三トンというから、「日本酒は、水が命」との言葉にうなずいてしまう。また、原酒はアルコール度数を市販酒の規格に合うように調整するのに割水がされる。加えられる水の量は原酒の二割ほど、この水にも地下水が使われている。米の洗い

江戸時代の酒造りを描いた絵画（堀野記念館　中京区堺町二条上ル亀屋町）。

水まで加えると、使う水量は米の二十倍以上という。

では、どのような水が酒造りに適しているのか。その答えを月桂冠大倉記念館の栗山一秀名誉館長にお聞きすると、「鉄分の少ないことが一番重要。そのため水質の基準として、鉄分が〇・〇二ppm以下であることを定めています。鉄分が多いとお酒が赤色に変色し、香りも悪くなります。他にも、マンガンや有機物などについても水道水よりも厳しい基準を定めています」とのこと。これらの条件を兼ね備えているのが、京都の地下水である。

京都の酒造りの歴史は古く、平安時代には大内裏《だいだいり》の造酒司《みきのつかさ》で、白酒や黒酒など十数種類もの酒を祭礼に応じて造っていた。鎌倉時代になると、酒造りを祇園社や北野社などの社

醸造用水としての条件

鉄	0.02ppm 以下で含まれないことが最適（0.3ppm 以下）
マンガン	0.02ppm 以下で含まれないことが最適（0.5ppm 以下）
亜硝酸窒素	検出されないこと（10ppm 以下）
有機物	過マンガン酸カリウム消費量5ppm 以下であること（10ppm 以下）
アンモニア性窒素	検出されないこと
色沢	無色透明であること
臭気	異常でないこと
味	異常でないこと

（　）内は水道水の水質基準

醸造用水としての条件は日本醸造協会「清酒製造技術」、水道水の水質基準は厚生省令第69号よりそれぞれ抜粋（栗山一秀 作成）。

寺や座に属する商人が行うようになり、「北野天満宮文書」（一四二六年）によれば、室町時代にはすでに三百四十七軒の酒蔵があった。なかでも、狂言で「松の酒屋や梅壺の柳の酒こそすぐれたれ」と謡われた「柳酒《やなぎのさけ》」がよく知られている。酒蔵は都の発展とともに増加し、寛文九年（一六六九）には千八十九軒あったが、伊丹の酒が京都に入るようになると、正徳六年（一七一六）に六百五十九軒、明治十九年に百六十軒、大正元年に八十四軒、昭和五十八年には六軒と激減し、現在、洛中にある酒蔵は一軒だけとなった。

◆洛中に残る造り酒屋

洛中で唯一の酒蔵である佐々木酒造（上京区日暮通椹木町下ル北伊勢屋町）は、豊臣秀吉が築城した聚楽第の敷地内にある。丸太町通から日暮《ひぐらし》通を一筋北にある酒蔵の壁や独特の形状をした瓦屋根は、京都の町並みにとけ込んでいる。店先には杉玉が掛けられており、一歩酒蔵に入ると、昭和の文

酒蔵のある町並み（佐々木酒造　上京区日暮通椹木町）。

豪である川端康成が名付けた銘柄『古都』などの銘酒が並んでいる。この酒蔵の仕込み水は、聚楽第にちなみ「金明水」「銀明水」と名付けられ、昔ながらの酒造りに使われている。井戸は店先から五メートルほどの場所にあり、石で造られた真四角の井桁の一辺は約一・三メートルと、京町家の井桁よりも一回り大きい。井戸をのぞき込むと、ひんやりとして吸い込まれそうに感じる。水面までは約十五メートルとのこと。涸れた井戸が多い中で、今も酒造りに使われている井戸を目にできたことに対して、感謝の気持ちで一杯になる。

若主人の佐々木晃氏に酒造りについてお聞きすると、「酒の八十パーセントは水ですから、日本酒は水が命です。デンプンからの糖分づくりと、糖分に酵母を増殖させるアルコール発酵の、二つの工程を一つの樽で同時に行う、並行複発酵方式で酒造りを行っているのは、世界でも日本酒だけ。この蔵では、お酒だけでも楽しむことができる芳醇な味を目指しています」と教えていただいた。

他にも洛中には、昔ながらの酒造りを感じられる場所が残っている。その一つが、京都御所から堺町通を南に百五十メートルほど下がったところにある堀野記念館（中京区堺町通二条上ル亀屋町）。京都市の有形文化財に指定されている天明蔵には、もろみの入った酒袋を搾る酒槽《さかふね》や木樽などの道具の他、江戸時代の酒造りのようすを描いた絵が展示してある。この酒蔵の内井戸は、土間ホールに入りすぐの右手にある。この井桁の一辺も一・三メートルと前述の酒蔵と同じ

地ビール造りに使われている「桃の井」（堀野記念館）。

である。店先にこのサイズの井戸があることが、古い酒蔵の特徴であろうか。

一つ残念なことには、この酒蔵での酒の仕込みは伏見に移っている。しかし、酒造りへのこだわりは、京都では数少ない地ビール造りへと引き継がれ、その醸造には地下八メートルから汲み上げられる名水「桃の井」が使われている。この「桃の井」には、他の老舗の名水にはない工夫がなされている。それは「桃乃井会」の会員になると、誰もが名水を分けてもらえることである。現在の利用者は、料理屋さんや周辺のマンションの方が多く、その会員は三十名以上とのこと。酒蔵で名水をいただき家庭で使うのは、さぞ気分がよいことであろう。

京都市では、二〇〇七年三月に建築物の高さや看板などを制限する「京都市眺望景観創生条例」が制定された。昔ながらの酒蔵で、名水を使った酒造りが連綿と続く京都であって欲しいと願っている。

利休の茶と水

『南方録』に見る茶の湯の水

◆茶の湯には朝の水

京都の茶処・和束《わづか》に住む知人から新茶を分けていただいた。淡い緑と深みのある甘みが、日常とは異なる時をもたらしてくれる。

喫茶文化は最澄や空海などによって唐から伝わり、鎌倉時代の禅僧である栄西や明恵《みょうえ》が諸国の寺に茶の木を植えたことで知られるようになった。栄西が記した『喫茶養生記』の冒頭に「茶は養生の仙薬なり、延齢の妙術なり」とある。当時の茶は身体を壮健にするなどの効能を持つ薬であった。今も昔も、健康への願いは変わることがなく、栄西が将来した宋

京都の茶処として知られる和束町の茶園（写真：馬場正実）。

代の抹茶法《まっちゃ》は各地へと拡がることとなった。

南北朝時代に学習用に使われた往復書簡『異制庭訓往来《いせいていきんおうらい》』には、茶は栂尾《とがのお》が一番よく、仁和寺、醍醐、宇治、葉室、般若寺、神尾寺は補佐であること。この他、大和室尾、伊賀八鳥、伊勢河居、駿河清見、武蔵河越に茶園があったことが記されている。各地に拡がった茶の文化は、桃山時代の茶人である千利休によって茶道として確立したと言えよう。利休の茶を伝える秘伝書として知られているのが『南方録』である。この秘伝書は、福岡藩の三代藩主黒田光之《くろだみつゆき》の側近である立花実山《たちばなじつざん》が元禄三年(一六九〇)に筆写したとされるが、その成立過程には謎が多い。しかし、その内容は茶道を知る上で貴重な資料となっている。

『南方録』(全七巻)の最初の巻である「覚書」(十二)には、「これ茶の湯者の心がけにて、暁《あかつき》より夜までの茶の水、絶《たえ》ぬやうに用意することなり。夜会とて、ひる巳後《いご》の水、これを用ひず。晩景半夜までは陰分《いんぶん》にて、水気沈みて毒あり。暁の水は陽分の初《はじめ》にて清気うかぶ。井華水《せいかすい》なり。茶に対して大切の水なれば、茶人の用心肝要なり。」とある。やはり、朝の凛とした空気の中で汲む水が一番である。「昼以後の水には毒がある」とまで書いてある。以前、裏千家今日庵でお茶をいただいた時に、毎朝、井戸から汲んだ水を何度も漉して使っていると教えていただいた。

朝の水を用いる例は、他にも見られる。毎朝、仏さまに供える浄水を「閼伽《あか》の水」という。「閼伽」はインドの公用語であるサンスクリット語で「お供え物」を意味する「アルギャ」が語源とも言われている。また、江戸時代、大坂の街では「井戸水は塩気が強く飲めないため、毎朝、川の水を汲んで使っていた」との記録が残っている。茶人、僧侶、庶民の誰もが、朝の水を大切にしていた。

余談ではあるが、今日庵の井戸は井車が梅の花の形をしているので「梅の井」と呼ばれている。地下水位が下がり、ポンプを使う名水が多い中で、「梅の井」は釣瓶《つるべ》を使っている数少ない名井の一つである。

◆茶の湯の名水「醒ヶ井」

「会」の巻には五十六回の茶会の内容が記されており、四十一番目の茶会に名水に関する記述が見られる。内容は「六月十三日　朝　御成　醒ヶ井屋敷六畳敷　御相伴《おしょうばん》　黒田勘解由《かげゆ》　幽斎　宗久　……一水指　つるべ、醒ヶ井の水入て　一茶入　小なつめ……」とある。この文面から名水「醒ヶ井」を、秀吉の御成の茶会で用いたことが分かる。

茶会で細川幽斎が詠んだ和歌も添えられており「濁なきこの御代とてや足引の　岩井の水もやすくすむらん」とある。意味するところは「濁りのない公明正大な、秀吉公の

「宇治まつり」で行われる宇治橋三の間における名水汲み上げの儀（写真提供 通圓）。

佐女牛井（さめうしのい）『都名所図会』巻二（1780年）。「佐女牛井」とは「醒ヶ井」のこと。足利義政公の愛用した名水も、今は用いる人もなく、草が茂り苔深く…とある（国際日本文化研究センター蔵）。

時代であればこそ、醒ヶ井の水のように、岩井の水もたやすく澄むことだ」であり、歌からも秀吉の威光を感じることができる。ただ、気になるのは、和歌にある岩井とは、どこの名水であろうか。岩井と言えば、中御門南や東洞院東にあったと伝わる名井の他、大原野の岩井神社などが考えられるが、よく分からない。

他に「会」の巻（四十二）には、「六月晦日　下《しも》加茂川端にて　但夕方御祓の序《ついで》　妙法院　日野殿　幽斎　了無　……一杉手桶」とある。夕涼みを兼ねた茶会で、清らかな川の水を杉の手桶で汲み、茶に用いる。これほど涼やかな楽しみが、他にあろうか。

「墨引」の巻（五十二）には、「醒ヶ井」の水を汲み入れた桶を、底から蓋にわらをかけて封じ、そのまま茶室に持ち出して用いたとある。名水が、茶会の主役となった瞬間である。「醒ヶ井」は、「滅後」の巻（七）で津田宗及《つだそうぎゅう》の雪の暁の茶会にも記述がある。

『南方録』において、茶の水として記載があるのは「醒ヶ井」だけ、しかも三回も見られる。たしかに「醒ヶ井」は、室町幕府八代将軍である足利義政が愛用したと伝わる名井ではあるが、なぜ「醒ヶ井」だけが特別なのであろうか。このことは利休の茶と名水を考える上で重要なことと言えよう。

同時代に、利休の孫である千宗旦《せんのそうたん》が伝えた

亀屋良長が平成3年に再興した「醒ヶ井」（下京区醒ヶ井通四条角）。

馬場染工業にある「柳の水」。お店で抹茶をいただくことができる（中京区西洞院三条下ル）。

利休の茶話をまとめた『茶話指月集《さわしげつしゅう》』（一七〇一年）に「京都では、名水といえば醒ヶ井、柳の井、宇治橋の三の間から汲み上げた水を言うのであるが」とある。当時、「醒ヶ井」の他に、茶の名水として「柳の井」や「宇治橋の三の間水」が知られていたことが分かる。

機会があれば、このような茶話にある名水について調べてみたいと思っている。

※『南方録』の引用は西山松之助・校注 岩波文庫版『南方録』による。

第五章

京の水　三つの特性

章扉：『都名所図会』巻二「手洗水」
（国際日本文化研究センター所蔵）

〈第5章関連マップ〉

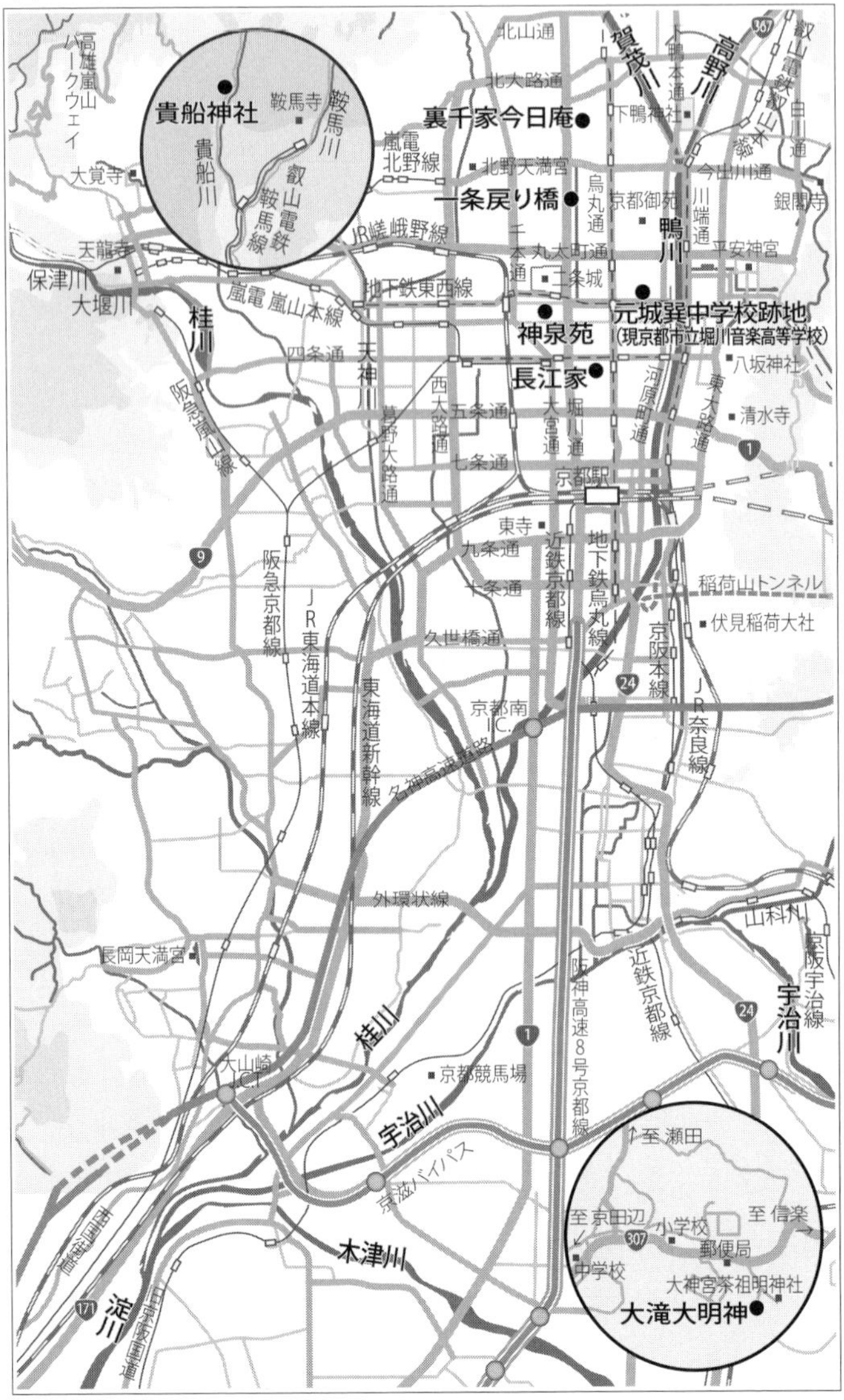

その一　水の神と京都

貴船神社と祈雨・止雨祈願

◆天皇による水の管理

京都の水について聞かれると、三つの特性を伝えるようにしている。この一つが「日本の水の神が鎮座されておられる京都」。二つめが「計画的に水路（河川）が造られた平安京」。そして、最後は雑誌などでよく紹介される「豊富なよい水が育んだ京文化」である。

京都と他の都市を比較すると、千年の都・京都でしか成しえない特性である「日本の水の神が鎮座されておられる京都」の姿が見えてくる。

古代国家において、最初に天皇が国の統治で成すべきことは、民に安全安心を与える政《まつりごと》であった。この一つが豊かな実りであり、そのためには水を管理する必要があった。

水の神にまつわる伝承として、天武天皇が「人声聞えざる深山に宮柱を立て祭祀せば、天下のために甘雨を降らし霖雨を止めむ」との神託（六七六年）により、丹生《にう》川の川上に水の神を祀った話が伝

水が湧き出る泉（龍穴）の上に建立された貴船神社の奥宮。

わっている。この神社が奈良県吉野郡の丹生川上神社であり、古くからこの地で祈雨《きう》・止雨《しう》が行われていた。格式の高い古社ではあるが、室町時代には衰微し、残念なことに江戸時代に入ると、その場所すら分からなくなった。その後、明治から大正にかけての考証を経て、現在の丹生川上神社は、上社（川上村）・中社（吉野町）・下社（下市町）の三ヵ所に分かれることとなった。しかし、その正確な場所は今も分からないままである。正確な歴史を次の世代に伝えることの大切さを再認識させられる。

時代が変わり、平安京において朝廷が祈雨・止雨のために勅使《ちょくし》を派遣したのは、延長五年（九二七）に完成した格式『延喜式（神名帳）』において、名神大社に列格された貴船神社である。貴船神社と祈雨の関係を文献に求めると、平安時代の歴史書『日本紀略』に「弘仁十年五月甲午幸神泉延奉幣貴布禰社祈雨」「同年六月乙卯奉白馬於丹生川上雨師神並貴布禰神為止霖雨也」と記されている。この条から、八一九年に祈雨・止雨が、貴船神社、丹生川上神社、神泉苑で行われていたことや、当時の朝廷が白い馬を奉って晴天を祈願していたことが分かる。

◆貴船の神と雨乞いの祈り

両方の条に記述があるのが、貴船神社だけなのは偶然であろうか。貴船神社には、平安時代、朝廷が数百回も祈雨を願い黒馬を、止雨のために赤馬か白馬を奉納したと伝わっている。この回数から推察すると、ほぼ毎年、朝廷が貴船神社で豊作を願ったこととなる。

日本諸国においても、朝廷が崇拝する貴船神社を建立し、同じ水の神を祀るようになっ

祈雨では黒馬を、止雨のためには赤馬か白馬を貴船神社に奉納したと伝わる。

たのは自然な流れと言える。『延喜式（神名帳）』によると貴船神社の祭神である「龗《おかみ》」を祀っている神社は、河内、和泉、越前、尾張、備後、因幡などにあり、十世紀には信仰が日本各地に拡がっていることが分かる。

現在、貴船神社は全国に五百社、龗を祀る神社は二千社以上。そのほとんどが貴船神社の分社である。このことを裏付けるかのように、民俗学者である高谷重夫氏の調査によると、貴船神社で三月九日に行われる雨乞祭の神事で唱えられている「雨たもれ、雨たもれ、雲にかかれ、鳴神じゃ」の言葉は、全国各地での雨乞いでも唱えられている。その一例を示すと、「雨たまえ、龍王や」（群馬県藤岡市）、「雨たもれ、龍王の天に汁気はないかいな」（京都府宇治田原町）、「雨たもれ、龍王どう」（岡山県高梁市）などがある。

これらの水神としての「龍」は民間信仰の一つであるが、貴船神社

龗

オカミの漢字。３つの祭器を前に、人びとが祭りをして龍に雨を願っている姿を表している。

『京童』貴船神社（京都府立総合資料館 蔵）。

お酒を飲ませた鰻を大滝に投げ入れる雨乞いの儀式（宇治田原町湯屋谷・大滝大明神祭）。

の祭神である龗は、『日本書紀』や『古事記』などに見られる日本古来の神である。養老四年（七二〇）に完成した伝存最古の正史である『日本書紀』において、龗は、伊邪那岐命《いざなぎのみこと》が迦具土《かぐつち》の神を斬ったとき、その血が闇龗《くらおかみ》になった。高龗《たかおかみ》は、迦具土を三段に斬ったその一段がこの神になったと記されている。貴船神社では、奥宮の祭神が闇龗を、本宮では高龗を祀っている。貴船神社は、京都の中心を流れる鴨川（賀茂川）の上流にあり、朝廷の願いをかなえた水神に相応しい地に鎮座されていると言えよう。

もちろん朝廷が都で祈雨・止雨を行ったのは、貴船神社だけではない。前述の『日本紀略』に記載のあるように神泉苑においても行われていた。弘法大師が実際に祈雨を行ったかどうかは定かではないが、大師が善女龍王を神泉苑に勧請して雨を降らせた話は、『今昔物語集』などでよく知られている。他にも大覚上人が延文三年（一三五八）に後光厳天皇から命じられて桂川で雨乞いを行った、と伝わっている。このことからも分かるように、朝廷の求めに応じて僧侶も都の各地で雨乞いを行っていた。

昔と同じとは言えないが、琵琶湖の渇水時や植樹祭の時には、貴船神社に祈雨・止雨などを願う関係者が訪れるという。今も昔も千年の都・京都は、水の神に祈雨や止雨を祈る場である。これは朝廷が、民を想い「水の政」を行ってきた歴史の積み重ねであり、日本の水の神が京都に鎮座されていることに他ならない。このことは、「水」について考える際に、他の街にない京都の大きな特性の一つである。

その二　平安京の水路計画

整備された小さな川

◆ゴミ対策で造られた水路

平安遷都を説明する際に桓武天皇の詔《みことのり》の一節「此国は山河襟帯にして、自然に城をなす。この形勝に因りて、新号を制すべし宜しく山背《やましろ》国を改めて、山城国となすべし」がよく用いられる。これは、京都は東山・北山・西山に三方を囲まれ、東には鴨川、西には桂川、南は宇治川（巨椋池《おぐらいけ》）が流れ、自然の要塞として都を守ってくれるという意味である。事実、平安京の擁壁は他国の者を出迎える東側にしか造られなかった。

また、平安以前の都であった場所の地勢を見ると、琵琶湖に接した近江大津京、木津川の側に恭仁《くに》京、大阪湾に接している難波宮など水運にすぐれた地にある。同様に平安京も鴨川や桂川に囲まれた地にあり、造営に際して桂川の水運によって丹波の国から木材が運ばれている。

しかし、平安京造営と川との関係は、この二つだけで語ることができない。その理由は、都で暮ら

平安時代の河川の断面図

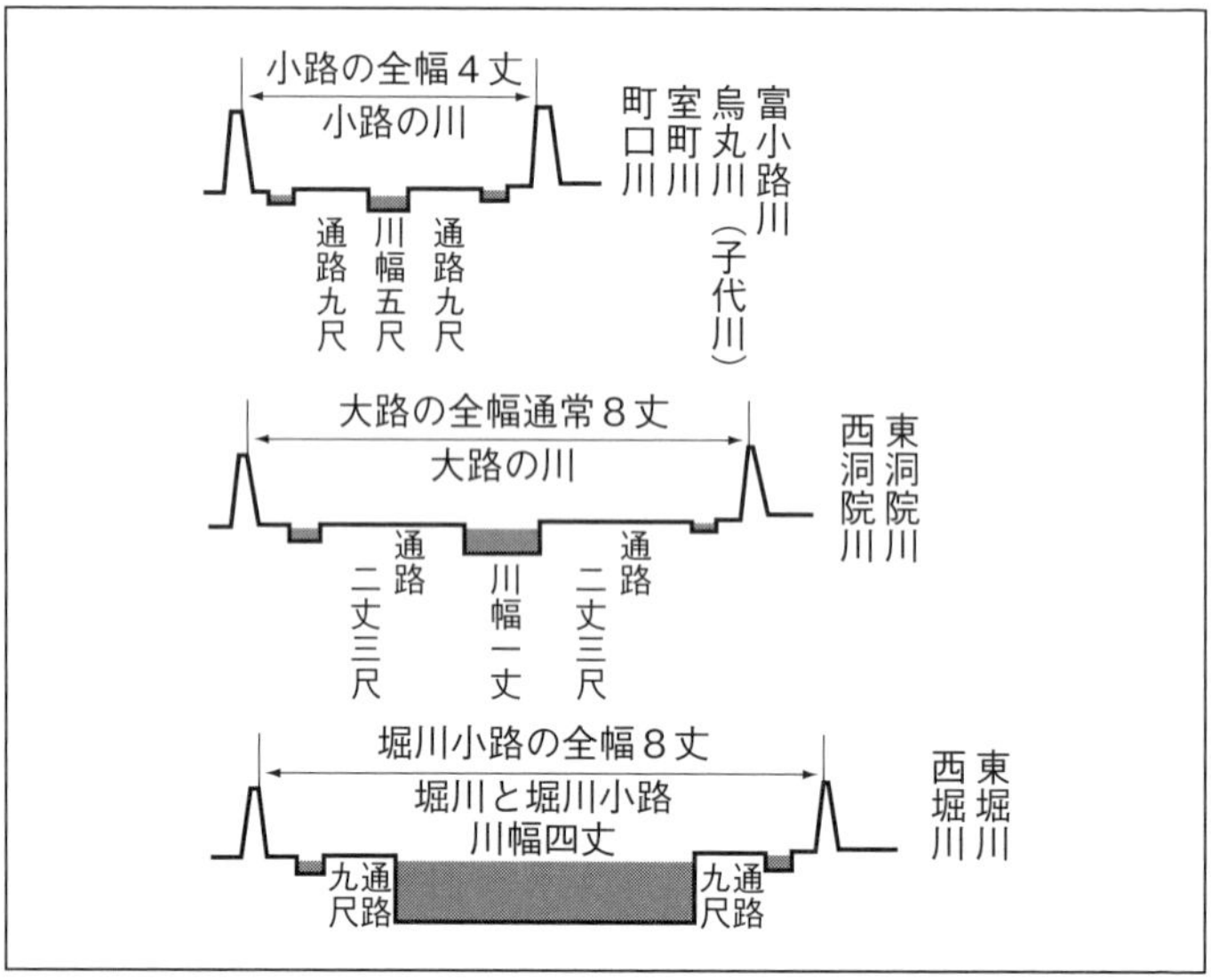

す人々のために十本以上の小河川が水路として整備されているからである。平安京の都市計画を論じる際に、朱雀大路を中心に碁盤の目に整備された道路について語られることが多いが、水路に配慮した都市造りがされたことも重要な視点であることを忘れてはいけない。平城京が遷都する理由として、都で暮らす人が十万人を超え、排泄物などを流す都市機能が麻痺したためとの説もあるように、ゴミや屎尿の対策には重きが置かれていた。

平安京造成時から明治に至るまでの川（水路）については、岸元史明氏の著書『平安京地誌』（一九七四年）が詳しい。岸元氏は、『九條本・延喜式』（四十二巻　室町時代写本）の紙背にある平安京の水路図（河川）を基に、江戸時代の地図と文献を参考に都の川の変遷を記している。平安期の川の図を見ると、南北に直線で川筋が引かれており、人為的に造られたことは明らかである。川の構造は平安京を南北に走る三十三本の大路・小路の中央に掘られ、大路の中央を流れる東洞院川や西洞院川の川幅は一丈（約三メートル）、小路を流れる富小路川や烏丸川は五尺（約一・五メートル）であったという。この幅員からも、庭園の池への引水やゴミや屎尿を流すために造られた川であったことが分かる。

これらの川は、左京には八本、右京には四本、合計で十二本も造られた。東側から富小路川・東洞院川・烏丸川（子代川）・室町川・町口川・西洞院川・東堀川・東大宮川。右京は西大宮川・西堀川（紙屋川）・佐比川・西室町川と、名称は通りの名称から便宜的に付けられている。

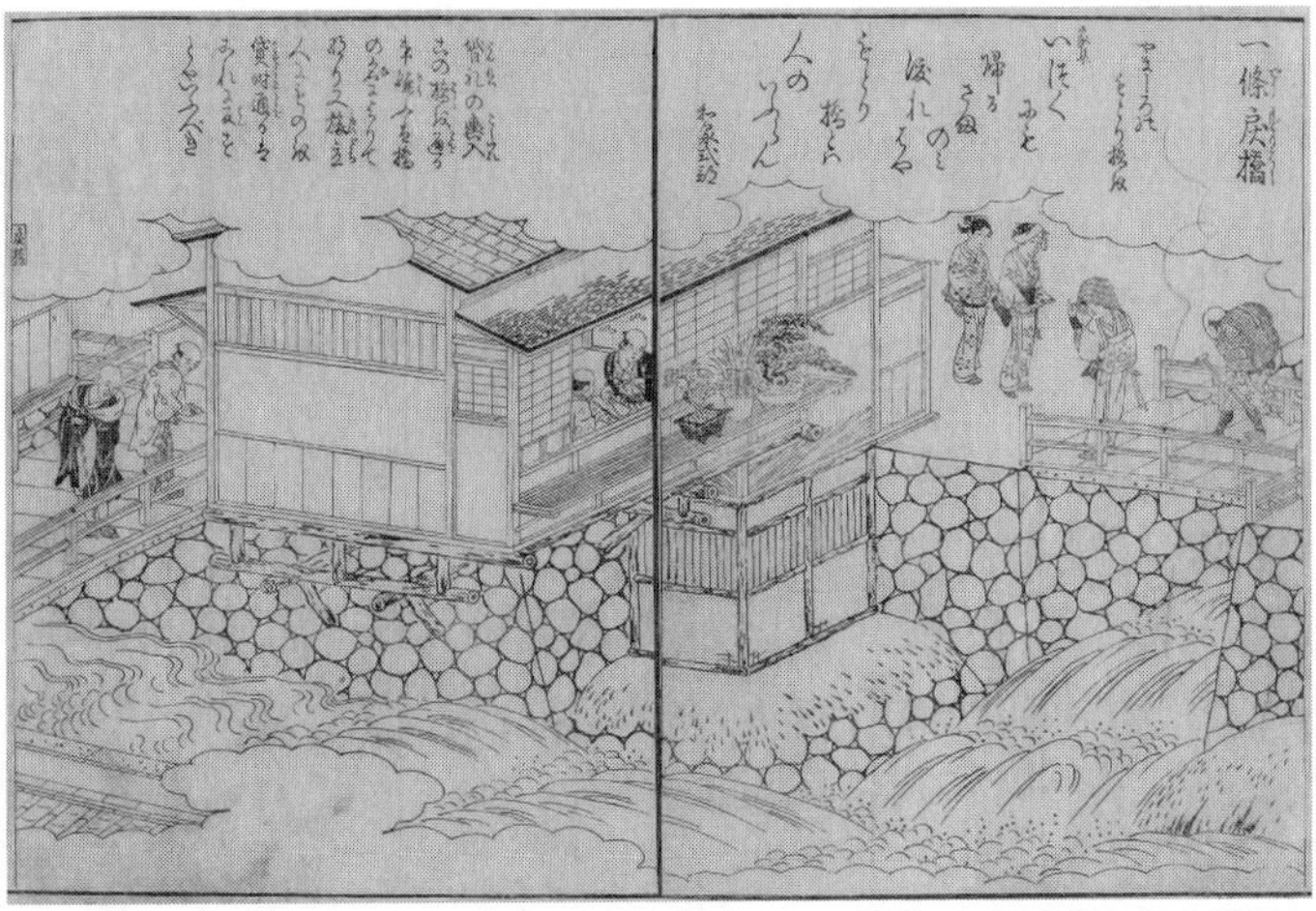

一条戻橋（『都名所図会』巻一）。一条戻り橋あたりの堀川は、平安期と同じ川幅といわれている（国際日本文化研究センター 蔵）。

◆物流の大動脈「堀川」

これらの川とは異なる目的で大内裏《だいだいり》を両側から挟むように造られたのが、東堀川と西堀川である。構造については、平安後期の有職故実書『江家次第（巻六）』に「但堀川々面四丈、東西辺四丈、故為十二也」との記載があり、このことから堀川は川幅が四丈（約十二メートル）の運河で、その両側に同じ四丈の道を備え、都に木材などの資材を運搬する重要な動脈であったことが分かる。また、他を探すと、堀川の東西辺は各二丈と『延喜式』にある。時代時代で道幅は変化している。

朝廷が運河である堀川を重視していたことは、『日本後記』の八一四年の条に記されている「贋金をつくった罪で捕まえた摂津国武庫の日下部土方を鎖につなぎ、堀川を掘らした」ことや、『続日本後記』の八三三年の条に「京戸に東西の堀川の柱として、一万五千本の檜を出させる」とあり、文献からもうかがえる。昨年の元城巽中学校跡地（中京区油小路通御池上ル押油小路町）の発掘調査で、桃山時代に堀川に資材を取り入れるための舟入があったことが確認された。江戸時代の地誌『京羽二重』（巻一）の記述にも「東堀川通　二條北　材木類　桶類」とあり、このあたりには材木屋が多くあり、堀川が千年にわたり運河としての役割を果たしてきたことを示している。

これらの平安京造営時に整備された川の流れを、私たちは見ることができない。この理由の一つは、都人がゴミや汚物を川に捨てたことで下流へと行くほど埋まり、ゴミを流すことができる水量を確保するために横の川と合流させたことにある。このことは、南北朝時代の河川図で富小路川が東洞院川、

京都の河川の変遷

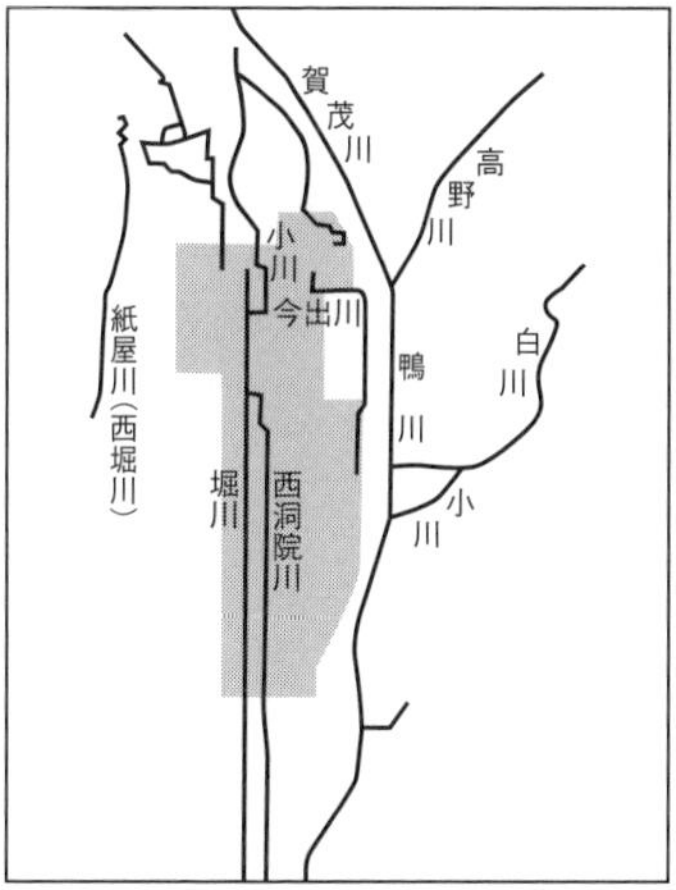

応仁の乱後の河川図

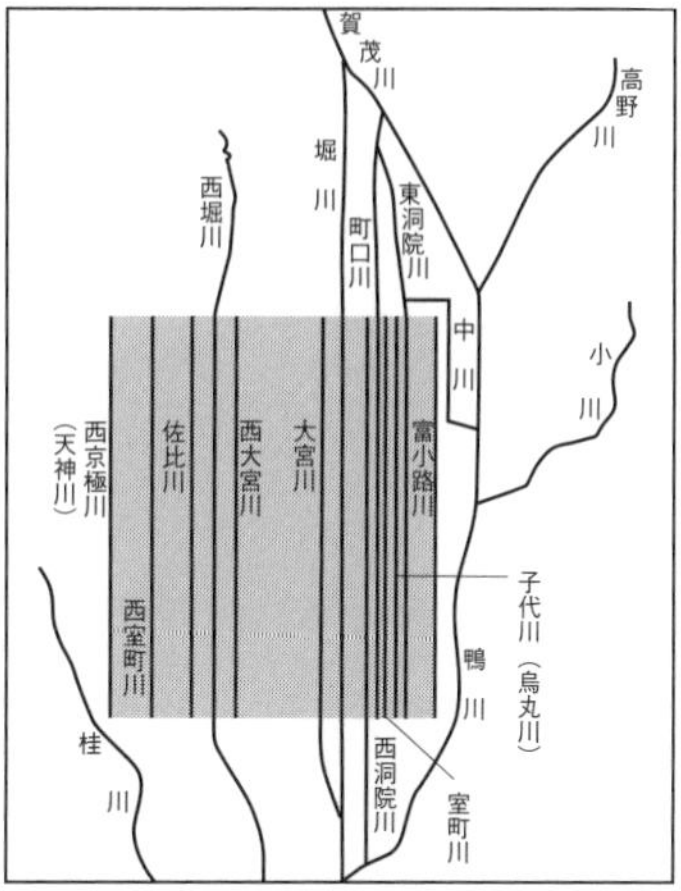

平安初期の河川図

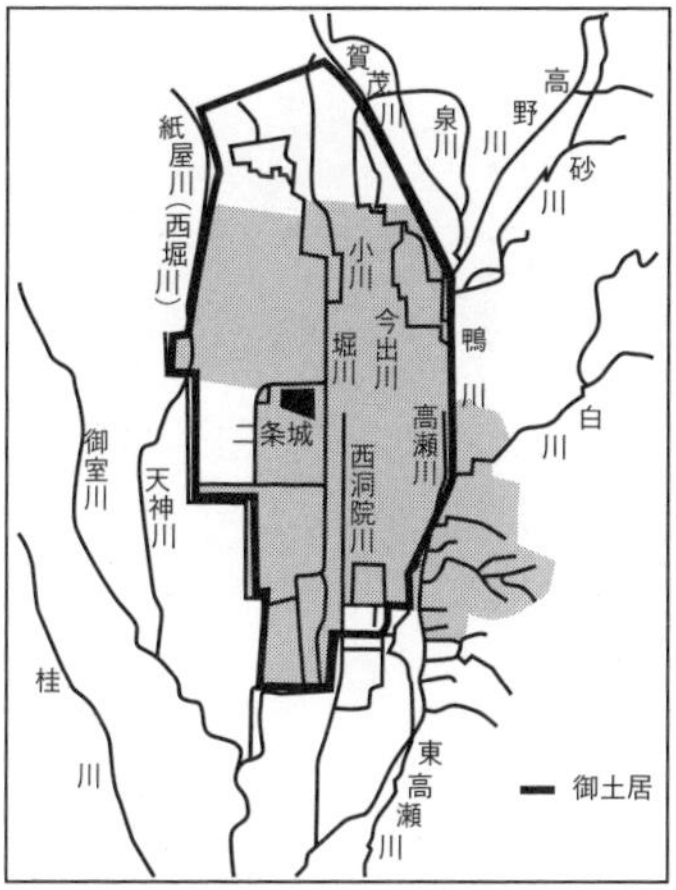

江戸時代の河川図

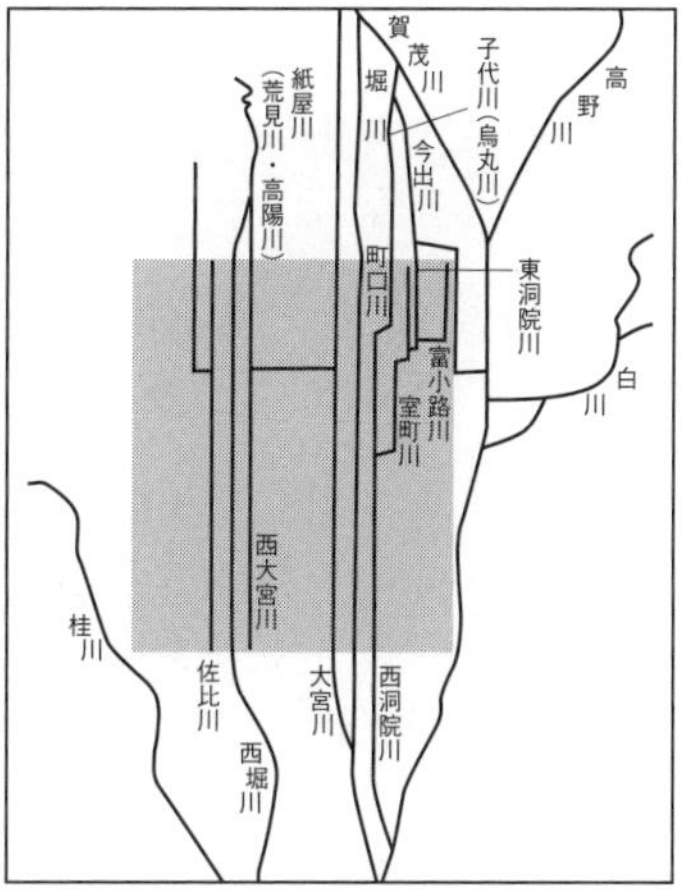

南北朝時代の河川図

さらに室町川と合流し、最後は西洞院川として流れていることからも分かる。

人々の移動手段が車へと変わったことも川に大きな変化を与えた。堀川の二条通から下流が道路となり、管路として流れているように、西洞院川なども下水として道路の下を流れている。堀川の水源の一つであった小川も昭和三十八年に埋められてしまった。裏千家の今日庵と本法寺（上京区小川通寺之内上ル）の間に架かる小橋が、わずかに昔の名残を感じさせてくれる。

今日庵の正面にある小川にかかる小橋。

その三　豊富な地下水と京文化

井戸が生んだ食文化

◆京町家の三つの井戸

京都盆地の下は自然の地下ダムになっており、琵琶湖に匹敵する水が眠っているとの研究成果を関西大学の楠見晴重教授らが報告している。この報告によると古生層（基盤岩）に囲まれた地下ダムは、巨椋池の地点で深さが七百メートル、南北は京都市の北部から木津町まで三十三キロメートル、東西が八幡市から城陽市の十二キロメートルで、その貯水量は二百十一億トンと琵琶湖の二百七十五億トンに匹敵する。御存知のように琵琶湖は国内最大の湖で、江戸時代に日本を訪れた朝鮮通信使も琵琶湖を見るのを楽しみにしていたという。この水量に匹敵する見えない水が、京都盆地の下に蓄えられていることは驚きであった。

地下ダムだけでなく、洛中は鴨川などの河川が運ぶ土砂によって造られた扇状地であり、地形勾配も約二百メートル歩くと一メートル登ることになる急傾斜地である。このことも地下水を容易に得ることができる条件の一つとなっている。

このように地下水が豊富であることから、京町家には三つの井戸が掘られている場合が多い。一つは見世《みせ》と呼ばれる入り口、少し入った台所《だいどこ》、そして三つ目は奥の庭になる。下京区新町通綾小路下ル船鉾町で江戸時代から呉服商を営んでこられ、京都市の有形文化財に指定されている長江家の八代当主・長江治男氏に、井戸を使っていた当時の暮らしについてお聞きした。

「昭和三十年代までは使っていた。八月は井戸さらいと決まっていました。伏見から業者に来てもらって井戸の掃除です」。日々の暮らしについては、「台所の井戸で汲んだ水を水瓶に溜めて、調理にはその水を柄杓で汲んで使います。井戸ではラムネやビール、スイカなどを冷やしていました。これがその当時の道具です」と、ビンを吊り下げる道具を見せていただく。「入り口の井戸は、店の井戸で掃除の水。蔵の後ろの庭にある井戸は、お茶室用です」と教えていただく。

井戸が使われなくなった理由について訊ねると「四条通に阪急電車が通った時に、井戸は涸れてしまいました」と少し寂しそう。井戸の深さ

長江家の見取り図

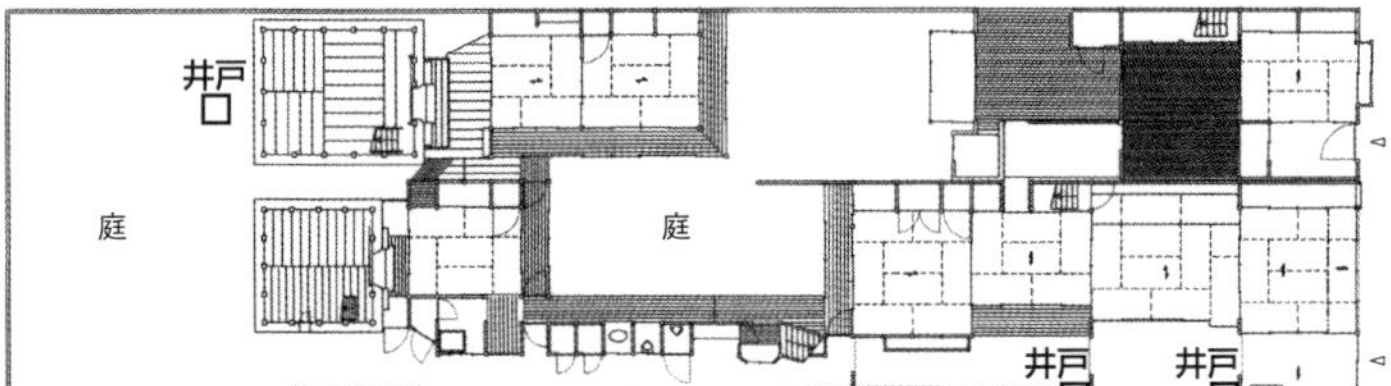

京町家にあった3つの井戸。

を測ると、地面から約三メートル。地下工事の影響を受けるのは当然である。ただ、京都市地下鉄や阪急電車などの工事に際しては条件に応じた補償がなされ、いくつかの井戸はさらに深く掘られ今も使われている。

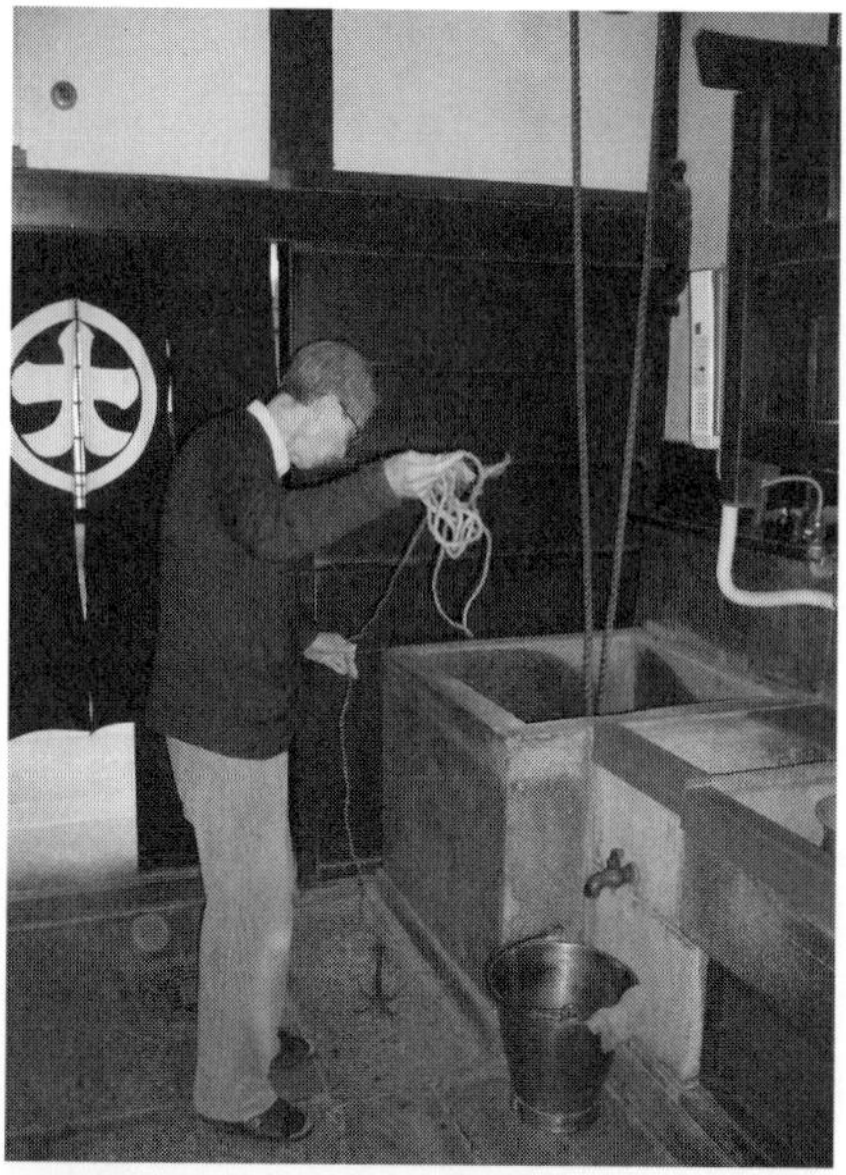

長江家の井戸。横には水を貯めることができる水槽がある。

井戸で使っていた道具（水瓶など）。

◆地下水と食文化の今

このように、京の都はどこでも井戸を掘ることができたので、条件さえ整えば誰もが豆腐屋や酒屋、染物屋などを営むことができた。商工業の街でもあった京都の発展に、井戸は欠かすことができない資源であったと言えよう。

もちろん、食文化を育むには水質も重要である。江戸時代の戯作者である滝沢馬琴が、『羇旅漫録』で「京によきもの三つ、女子、加茂川の水、寺社」と記していることからも分かるように京都の水がよいことは諸国に伝わっていた。このことは、賀茂川と高野川の合流地点の水が売られていたことを示す引き札が、大阪の商家から見つかったことからも分かる。

千三百年もの歴史を持つ京都において、井戸を使わなくなったのは昭和四十年頃からであろうか。大学生のレポートで「地下水が飲めることを知らなかった。一度、名水めぐりをしてみたい」などの文面を目にすることが多々ある。このわずか五十年ほどで、私たちの暮らしから井戸が忘れ去られてしまったのは残念なことである。

昭和五十年、さらに地下水に厳しい規制が設けられた。京都市は井戸水の規制を食品の安全のために、食品衛生法の自主管理運営基準に基づき市食品衛生告示細則を昭和五十年九月四日に「給水は水道水とする」と改正し、昭和五十六年一月から酒造と缶詰業を除く三十四品目の食品業者の井戸水の使用を禁止した。この食品の中には、水文化の代表的な食材である麩や豆腐などが含まれていたこと

京都市が「食品衛生法に基づく管理運営基準に関する条例」に定める水質検査項目及び水質基準

検査項目		基準
グループ1	一般細菌	1ml の検水で形成される集落数が 100 以下であること。
	大腸菌群	検出されないこと。
	硝酸性窒素及び亜硝酸性窒素	10mg/l 以下であること。
	塩素イオン	200mg/l 以下であること。
	有機物等（過マンガン酸カリウム消費量）	10mg/l 以下であること。
	pH 値	5.8 以上 8.6 以下であること。
	臭気	異常でないこと。
	色度	5 度以下であること。
	濁度	2 度以下であること。
グループ2	カドミウム	0.01mg/l 以下であること。
	水銀	0.0005mg/l 以下であること。
	鉛	0.1mg/l 以下であること。
	ヒ素	0.05mg/l 以下であること。
	六価クロム	0.05mg/l 以下であること。
	シアン	0.01mg/l 以下であること。
	フッ素	0.8mg/l 以下であること。
	有機リン	0.1mg/l 以下であること。
	亜鉛	1.0mg/l 以下であること。
	鉄	0.3mg/l 以下であること。
	銅	1.0mg/l 以下であること。
	マンガン	0.3mg/l 以下であること。
	カルシウム、マグネシウム等（硬度）	300mg/l 以下であること。
	蒸発残留物	500mg/l 以下であること。
	陰イオン界面活性剤	0.5mg/l 以下であること。
	フェノール類	フェノールとして 0.005mg/l 以下であること。
	味	異常でないこと。

<検査の方法>

年２回以上の検査の内、１回目は検査項目のグループ１および２について、２回目以降は、グループ１を含む項目について検査を行う必要がある。

もあり、多くの食品製造業者から批判の声が寄せられた。
この細則は、食品関係者からの要望に応じて平成十二年に改正され、水道法で規定する二十六項目の検査を一年に二回以上行うと、井戸水を使った昔からの製法で食材を製造することが可能となった。中京区の保健所でお聞きすると、百軒ほどから地下水使用の届け出があるという。豊富で質のよい地下水は、京都の大切な資源の一つである。これまでも、これからも、井戸水が京都の食文化を支えていくことであろう。

京都の三つの水の特性について述べてみた。「水の都」としての条件が、政や精神において日本の中心であるとともに、人・物・情報が集まる中で水文化を創造し、発信することとするなら、京都はこの条件を兼ね備えていると言える。京都の水に関わる物語を繙くことで、「水の都・京都」の特性が見えてくるのではないだろうか。古都・京都が語る多様な水文化に、私たちの学ぶことは多い。

参考資料

《資料解説》文献から見た「京の名水」

◆**平安から室町時代の文献に登場する名水**

平安の昔から名水は、人々に親しまれてきた。その証として、平安時代の物語や日記などで貴人が名水を訪れるようすが描かれ、和歌にも詠まれている。江戸時代に入ると、誰もが楽しむことができるよう、さまざまな地誌・名所案内などに霊泉や霊水、清水などの章で名水の場所やいわれを紹介している。これほどの名水があるのは、世界的に見ても京都だけではないだろうか。中には地図に記載され場所を特定できる名水もある。この他、庶民の娯楽である番付や双六などにも名水を目にすることができる。これらの文献について、順を追って紹介していきたい。

平安時代の文献では、清少納言の記した『枕草子』（平安中期）の「九つの井戸」を筆頭に上げなければならない。「ものはづくし」として紹介している九つの井戸の一つ、「山の井」は、『更級日記（東山なる所）』（平安中期）に山寺の石井（石でかこんだ井戸）に立ち寄ったことと、二首の和歌が記

『中昔京師地図』にみる井戸

井戸の名称	名称の比定	井戸の場所	現在の場所
チコ井	児井	丹波街道白馬池東側	北区鷹峯北鷹峯町（源光庵本堂崖下）
トキハ井	常盤井	大徳寺東南側	北区紫野下築山町
サクラ井	桜井	櫛笥通五辻下ル東側	上京区智恵光院通五辻下ル
五位水		高倉通土御門下ル東側	上京区京都御苑内
シケノ井	滋野井	油小路勘ヶ由小路下ル西側	上京区小川通下立売下ル
トキハ井	常盤井	勘ヶ由小路通京極下ル今出川東側	上京区寺町通下立売下ル
石井		東洞院通中御門東入ル南側	上京区京都御苑内
内記井		東洞院通中御門東入ル南側	上京区京都御苑内
内記井		東洞院通中御門東入ル南側	上京区京都御苑内
ムクケノ井		堀川通大炊御門下ル西側	中京区堀川通竹屋町下ル二条城町
祇園旅所少将井	少将井	烏丸通大炊御門下ル東側	中京区烏丸通竹屋町少将井御旅町
西行水		室町通三条坊門下ル東側	中京区室町通御池下ル円福寺町
柳水		三条通西洞院東入ル南側	中京区西洞院通三条下ル柳水町
車水		四条通堀川西入ル南側	下京区四条通堀川下ル四条堀川町
御井		西洞院通五条坊門下ル西側	下京区西洞院通仏光寺下ル本柳水町
サメカ井	佐女牛井	堀川通八条坊門下ル東側	下京区醒ヶ井通魚棚上ル佐女牛町
山ノ井	山の井	霊山正法寺南側	東山区清閑寺霊山町

（橋本素子 作成）

されている。「走井」も『蜻蛉日記（走井の清水）』（平安中期）に記述がある。物語にも名水は登場する。『大和物語（百十二）』（平安中期）には、大膳（橘公平）の娘が縣《あがた》の井戸の側に住んでいるとある。この「縣井」は、歌枕にもなっており、後鳥羽上皇の詠んだ「蛙鳴くあがたのゐどに春くれて散りやしぬらむ山吹の花」は『後撰和歌集』（平安中期）の一首である。他にも和歌に詠まれた名水は多い。

　歌人と井戸の関係では、少将井の尼と呼ばれた女性の和歌が『後拾遺和歌集』（一〇八六年）に二首選ばれており、名水の名で呼ばれる尼が居られたことからも、当時の貴人がいかに名水を大切にしていたのかが分かる。

異なる種類の文献にも名水の記述は見られる。『作庭記』（平安後期）には、水を引いてくる技法などを説明する事例として「天王寺の亀井の水」や「羂索院《けんさくいん》の閼伽《あか》井《い》」が用いられており、平安時代には多くの名水があったことが分かる。ただ、物語などには一つ二つの名水しか記載がなく、千年前の名水の全容を知ることは難しい。

鎌倉時代の随筆『方丈記』（一二一二年）や『徒然草』（鎌倉末期）には、名水に関する項目は見当たらないが、中世においても名水は忘れ去られてはいない。室町時代の辞書『下学集』（一四四四年）には、「朧清水《おぼろのしみず》・鶏冠井《かいで》・井手玉水」などの記述が見られる。絵巻では、『西行物語絵巻』や『一遍上人絵伝』などにさまざまな場面で木製の井桁が描かれており、当時の暮らしに井戸は欠かすことができなかったことが分かる。応仁の乱以前の京都を三百年後の宝暦三年（一七五三）に記した地図『中昔

江戸時代の地誌に見る名水の項

刊行年次	西暦	書　名	項　名	名水数
寛文 5 年	1665	扶桑京華志（巻一）	川澤	37
貞享 2 年	1685	京羽二重（巻一）	名水	20
			名井	8
元禄 2 年	1689	京羽二重織留（巻四）	霊泉	15
			霊水	8
元禄 3 年	1690	名所都鳥（巻三）	井之部	31
		名所都鳥（巻四）	水之部	25
享保 13 年	1728	伏見大概記	山川之部 付井泉	11
宝暦 4 年	1754	山城名跡巡行志	河渠池井	22
寛政 5 年	1793	都花月名所	清水	99
文久 3 年	1863	花洛羽津根（巻八）	名井之部	30
			名水之部	26

京師地図』には十七の名水の記載がある。他を探すと、『聚楽第城下町大名屋敷地図』にも「山里の井」と「ツユの井」の記載があり、名水が地図に記されるべき重要な位置づけにあったことが分かる。さらに中世の京都における名水を知るためには、公家の日記などを読み解く必要があろう。

◆江戸時代以降の名水の記述

江戸時代に入ると多くの地誌や名所案内が発刊され、資料の数が格段に増えたことで名水の全容が

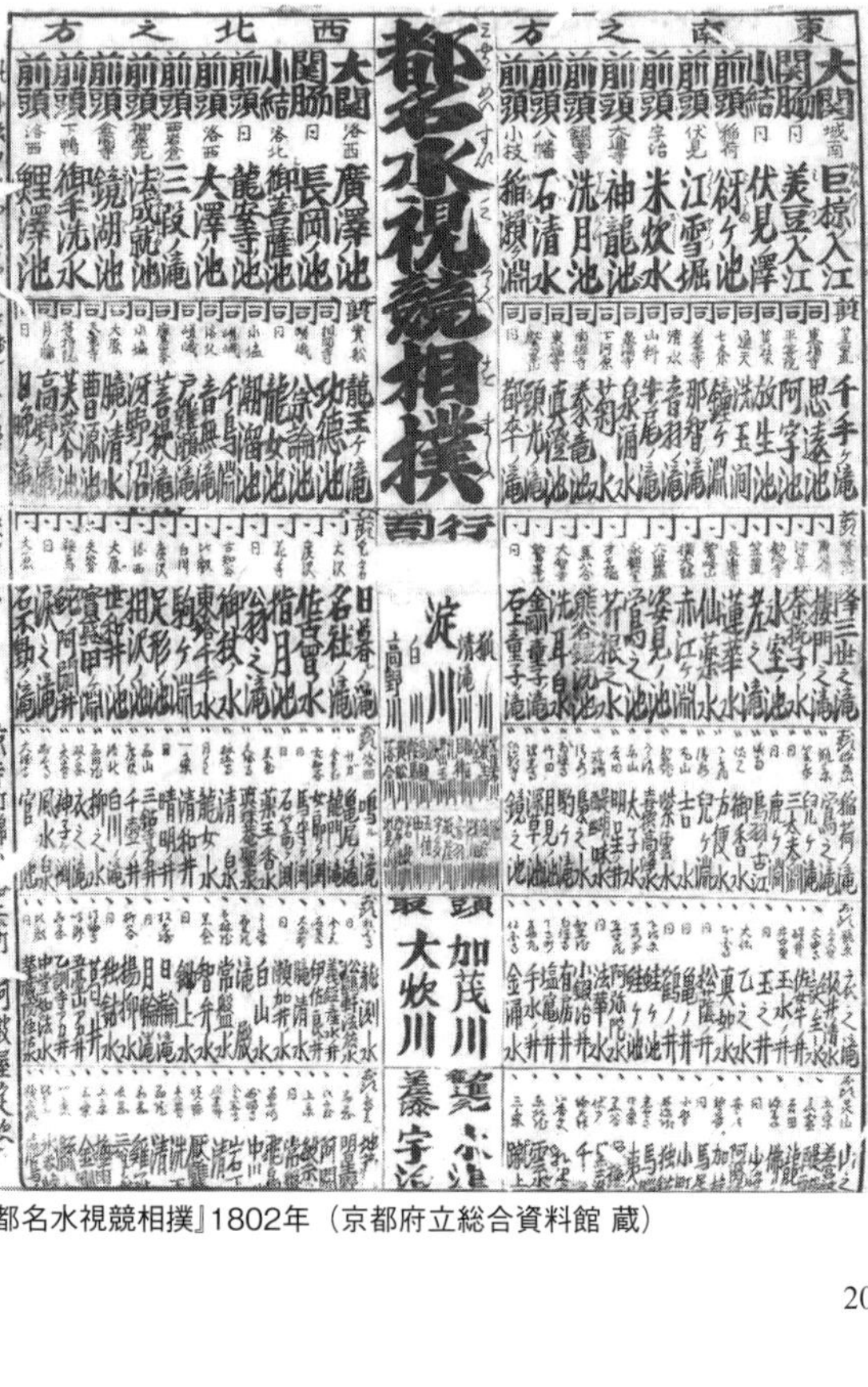

『都名水視競相撲』1802年（京都府立総合資料館 蔵）

見えてくる。松野元敬は『扶桑京華志《ふそうけいかし》』（一六六五年）の「川澤」の項で三十七の名水を記している。川澤の項に名水が含まれているのは、『山城名跡巡行志』（一七五四年）の「河渠池井《かきょちせい》」なども同様である。名水が単独でまとめられている最初の地誌は『京羽二重《きょうはぶたえ》』（一六八五年）で、「名水」として二十ヵ所、「名井」として八ヵ所の名水が紹介されている。最も多くの名水が一群として紹介されているのは『都花月名所』（一七九三年）の「清水」の項で九十九の名水の記載がある。これらの江戸時代に刊行された京都のおもな地誌・名所案内などの四十冊（新撰京都叢書、新修京都叢書）と名水の関係を見ると、名水に関する記述のあるものは全体の約七割で、名水に関する項目を持っているものは約二割に当たる八冊であった。これらの地誌の集大成として紹介されることの多い『都名所図会』（一七八〇年）と『拾遺都名所図会』（一七八七年）に記載のある名水を集めると、約百二十ヵ所が紹介されている。その位置を地図にしてみると、洛中と山沿いの社寺に名水の多いことが分かる。これらの名水は、『新版都内町名所廻里すご六』（一七九五年）や『都名水視競相撲』（一八〇二年）などで町衆に楽しまれており、暮らしに近い存在であった。

近年の文献では、江戸時代の文献が記された内容に昭和初期の状況を付記した井上頼寿氏の名著『京都民俗志』（一九三四年）と、約五十ヵ所の名水を訪れ描写された駒敏郎氏の『京洛名水めぐり』（一九九三年）の二冊が詳しい。これからも名水に関する多くの書籍が発刊されることを願う。

江戸時代に刊行された京都に関する主な地誌・名所案内・買物案内等（年代順）

～『新撰京都叢書』・『新修京都叢書』に掲載された書籍より～

タイトル	著者等	成立年	水の項目	名水の記載	内容紹介	挿絵
京童《きょうわらべ》	中川喜雲 編	明暦4 (1658)	無	有	京都案内記の先駆け　京童が京都の名所を案内する設定。 圓山の吉水、泉涌寺の霊泉、いは屋の香水などが記載。	有
洛陽名所集	山本泰順 著	万治1 (1658)	無	有	約300の名所の由緒・縁起・高僧略伝を紹介（別書名：都物語）。 吉水、明星水、玉井、朧清水、知辨水、石清水などが記載。	有
京雀《きょうすずめ》	浅井了意 著	寛文5 (1665)	無	有	地域ごとに主な商売、寺社、名所などを案内。 少将井、手水などが記載。	有
扶桑京華志《ふそうけいかし》	松野元敬 著	寛文5 (1665)	川澤 (巻一37)	有	漢文体で書かれた山城国全体の地誌　社寺、自然、遺跡などを解説。 『巻一』だけに「川澤」の項があり、明星水・不動水・則川水など37の名水を記載。. 他の巻には川澤の項はなく、縣井や山井、清盛井などが個々で記載。	無
京童跡追《きょうわらべあとおい》	中川喜雲〔著〕	寛文7 (1667)	無	無	『京童』の作者による補遺　京以外に大和、摂津なども記す（別書名：跡追）。 京都の名水に関する記載なし。	有
日次紀事《ひなみきじ》	黒川道祐 著	延宝4 (1676)	無	無	主に京における公俗の年中行事を解説（別書名：日次記事）。 行事に使われる水について記載。	無
出来斎京土産《できさいきょうみやげ》	浅井了意〔著〕	延宝5 (1677)	無	有	主人公出来斎が京の寺社、名所を巡り各地で狂歌を詠む（別書名：山城名所記など）。 玉水、瀬井清水などが記載。	有
京雀跡追《きょうすずめあとおい》	不明	延宝6 (1678)	無	無	『京雀』以後の町の発展をうけて、お店・通りの紹介を増補したもの。 名水に関する記載なし。	有
京師巡覧集《けいしじゅんらんしゅう》	丈愚 編	延宝7 (1679)	無	有	漢文体による山城国の地誌　名所旧跡を詩を交えて案内（別書名：京都巡覧）。 朧清水、滋野井、明星水、常磐井、玉井などの8の名水を記載。	無
菟芸泥赴《つぎねふ》	北村季吟 著	貞享1 (1684)	無	有	山城国全体の名所を解説「つぎねふ」は「やましろ」の枕詞（別書名：次嶺経）。 都の七井（常磐井、石井、少将井、縣井、鴨井、山井、松井）を含め、約20の名水が記載。	無
京羽二重《きょうはぶたえ》	水雲堂孤松子 著	貞享2 (1685)	名水(20) 名井(8)	有	縦糸と横糸を緻密に織る羽二重のように京の歴史、町筋、名所、人物等を仔細に案内。 「名水」の項で、明星水、知辨水、岩清水、香水など20の名水が記載。 「名井」の項で、落星井、少将井、いさら井、墨染井など8の名水が記載。	無
雍州府志《ようしゅうふし》	黒川道祐　著	貞享3 (1686)	無	有	漢文体で書かれた山城国の地誌　地理、歴史、名所、くらしなど総合的に記述。 玉水、御手洗井、清和井、朧ノ清水など約40の名水が記載。	無
近畿歴覧記	黒川道祐　著	〔貞享期頃か〕	無	有	著者が『雍州府志』の調査のために各地を訪れた際の紀行文。 常盤井などの名水についての記述あり。	無

タ　イ　ト　ル	著者等	成立年	水の項目	名水の記載	内　容　紹　介	挿絵
京羽二重織留《きょうはぶたえおりどめ》	水雲堂孤松子 著	元禄 2 (1689)	霊泉(15) 霊水(8)	有	『京羽二重』に収録しなかった事項を追加した増補版（別書名：織留）。 「靈泉」の項で、千代野井、兒井、百夜月井、山の井、利休井など 15 の名水が記載。 「靈水」の項で、青龍水、中書水、梅雨水、奇特水、道風水など 8 の名水が記載。	無
名所都鳥	不明	元禄 3 (1690)	井之部 (31) 水之部 (25)	有	山城国の名所を山、川、野、古城など 41 部に分けて紹介　各所にちなむ和歌も付す。 「井之部」の項で、千代野が井、常磐井、飛鳥井、縣の井戸など 31 の名水が記載。 「水之部」の項で、朧清水、産湯水、梅雨の水などの 25 の名水を記載。	有
京独案内手引集《きょうひとりあんないてびきしゅう》	不明	元禄 7 (1694)	無	無	『京雀跡追』の増補となる買物案内書　商職人の住所も書かれている。 名水に関する記載なし。	有
堀川之水	富尾似船 著	元禄 7 (1694)	無	無	著者の自宅、醒ヶ井通七条南鎌屋町付近の名所を案内　俳諧書の趣もある。 少将井などの言葉が見られるが名水に関する記載はない。	有
花洛細見図《からくさいけんず》	金屋平右衛門 編	元禄 17 (1704)	無	有	京の名所、風俗を図説『都名所図会』(1780) のモデルとなった（別書名：宝永花洛細見図）。 走井、関の清水、蹴上の水、朧の清水などの名水が記載。	有
京城勝覧《けいじょうしょうらん》	貝原益軒 著 下河辺拾水 画	宝永 3 (1706)	無	有	京の名所を 17 日間でめぐる順路を提示する案内記（別書名：京都めぐり）。 せかいの水、おぼろの清水などの名水が記載。	有
京内まいり	守拙斎 著	宝永 5 (1708)	無	有	京の神社仏閣を 3 日間で見て回れるようにまとめられた案内記。 紫雲水、誕生水、御手洗の水などの名水が記載。	有
山城名勝志	大島武好 編	正徳 1 (1711)	無	有	およそ 2700 項目にわたり山城国の名所を過去の資料から引用して紹介。 京都市及び、府内南部地域の約 120 の名水について記載。	無
都名所車	不明	正徳 4 (1714)	無	無	洛中洛外の社寺、名所の紹介を記し、旅行者が回りやすいように配列したもの。 京の名水に関する記載なし。	有
都すゞめ案内者	不明	正徳 5 (1715)	無	無	公家、武家、社寺、呉服商、医者などの所在を記し、下巻は各町の案内となっている。 名水に関する記載なし。	有
伏見大概記	不明	享保 13 (1728)	山川之部 付井泉 (11)	有	伏見地区の地誌の先駆けとなるもの。 「山川之部　付井泉」の項で、少将井、黒染井、石井など 11 の名水が記載。	無
京羽二重大全《きょうはぶたえたいぜん》	不明	延享 2 (1745)	無	無	先に刊行された『京羽二重』、『京羽二重織留』の増補版。 名水に関する記載なし。	無
山城名跡巡行志	浄慧 著	宝暦 4 (1754)	河渠池井 (22)	有	内裏から神社、仏閣、名所を巡りやすいように並べた案内記。 『第一』の「河渠池井」の項で、御井、井殿ノ井、縣井など 22 の名水を記載。	無
山城名所寺物語《やましろめいしょてらものがたり》	不明	宝暦 7 (1757)	無	有	洛中洛外の社寺について詳細に紹介。 石清水、慈鎮和尚の水、音羽の瀧などの名水が記載。	有

タイトル	著者等	成立年	水の項目	名水の記載	内容紹介	挿絵
京町鑑《きょうまちかがみ》	白露 著	宝暦12 (1762)	無	有	京の町並みを解説し案内する種々の町鑑の中でも代表的な書。 祇園祭手洗水、醒井、梅井などの名水が記載。	無
水の富貴寄《ふきよせ》	橘井栄助 著	安永7 (1778)	無	無	京名物の評判を記す 名物之部、大業之部、細工之部、料理之部など分類して紹介。 名水に関する記載なし。	有
都名所図会	秋里籬島 著 竹原信繁 画	安永9 (1780)	無	有	京の名所案内記の代表作 大変好評で、籬島により多くの続編が刊行された。 京都市内及び府内南部地域の約80の名水を記載。	有
拾遺《しゅうい》都名所図会	秋里籬島 著 竹原信繁 画	天明7 (1787)	無	有	好評であった前作『都名所図会』の秋里籬島による補遺版。 京都市内及び府内南部地域の約40の名水を記載。	有
京の水	秋里籬島 編 下河辺拾水 画	寛政2 (1790)	無	有	京の町の起こり、宮殿、社寺、和歌に登場する名所などを解説。 石井、内記井、滋野井などの名水が記載。	有
都花月名所	秋里籬島 著	寛政5 (1793)	清水 (99)	有	花・月・雪・紅葉などの名所から京を紹介するユニークな案内記。 井上社、金龍水、井泉井、肉桂水、手洗水など99の名水が記載。	無
都林泉名勝図会	秋里籬島 著 佐久間草偃・ 西村中和・ 奥文鳴 画	寛政11 (1799)	無	無	主に社寺の庭園(林泉)を解説するが、庭園以外の名所も紹介されている。 名水に関する記載なし。	有
扁額軌範《へんがくきはん》	速水春暁斎 編 合川珉和・ 北川春成 画	文政2頃 (1819)	無	無	神社の絵馬に描かれた図を紹介したもの。 名水に関する記載なし。	有
洛陽十二社霊験記	松浦星洲 著	文政10頃 (1827)	無	無	12の社寺に祭られる神仏の縁起、功徳を解説。 名水に関する記載なし。	無
商人買物独案内	不明	天保2 (1831)	無	無	品物をいろは順に並べ、目的の店を引けるように記した買物案内(別書名:京都買物独案内)。 名水に関する記載なし。	無
洛西嵯峨名所案内記	林峨山 著	嘉永5 (1852)	無	有	嵯峨野一帯の名所を紹介し、和歌を付した名所案内記(別書名:嵯峨名所案内記)。 葛井、赤水、仙人水などの名水が記載。	有
花洛羽津根《からくはつね》	清水換書堂 著	文久3 (1863)	名井之部 (30) 名水之部 (26)	有	洛中洛外の寺社、自然などの名所を図を交えて案内(別書名:京羽津根、都羽津根)。 「名井の部」の項で、明星井、菊井、柳井、清和井など30の名水を記載。 「名水の部」の項で、朧清水、石清水、糺清水、吉水など26の名水を記載。	無
京都土産《きょうとみやげ》	石川明徳	元治1 (1864)	無	無	京都の名物を項目分けで記載。 家々之井戸について記載。	無

※ 京都府立総合資料館で2005年2~3月に開催された企画展「京の商い-「京」ブランドの今むかし」で配付された資料をベースに、筆者が水関係の項目を記載。

※ 配列は成立年順による。成立年は『国書総目録』(岩波書店)、『日本歴史地名大系二六 京都府の地名』(平凡社)、『京都大事典』(淡交社)に依った。所蔵している資料のうち、上記の参考図書により成立年(初めて成立した年)が確定できなかったものについては、刊行年(増刷版、改訂版等、その資料の実物が刊行された年)を記しているものもある。

※ 表中の〔 〕内の記述は、資料現物以外の情報源から推定して記入したことを示している。

【参考文献】

・鈴木康久「京の水探訪」『日本の老舗 249号～272号』白川書院、2006年～2010年
・鈴木康久・大滝裕一・平野圭祐編『もっと知りたい　水の都 京都』人文書院、2003年
・駒敏郎『京洛名水めぐり』本阿弥書店、1993年
・井上頼寿『改訂 京都民俗志』平凡社、1968年
・ＮＨＫ「アジア 古都物語」プロジェクト編『NHKスペシャル　アジア古都物語 京都 千年の水脈』ＮＨＫ出版、2002年
・佛教大学編『京の歴史 １』京都新聞社、1993年
・『平安京最古の史跡　神泉苑』神泉苑
・たましん歴史・美術館歴史資料室編「武蔵野の古井戸」『多摩のあゆみ第111号』財団法人たましん地域文化財団、2003年
・渡貫竜也「手水の話」『式内社のしおり第74号』式内社顕彰会、2006年
・脇田晴子『中世京都と祇園祭―疫神と都市の生活』中公新書、1999年
・白川書院編『祇園祭のひみつ』白川書院、2008年
・竹村俊則『新撰京都名所圖會』白川書院、1965年
・角田清美「古井戸には覆屋根が設けられていたか」『専修人文論集第59号』専修大学文学部、1996年
・河野忠「伝説伝承のある湧水と水文化」『生活と環境 Vol.151』日本環境衛生センター、2006年
・生田耕作編『鴨川風雅集』京都書院、1990年
・門脇禎二・朝尾直弘編『京の鴨川と橋』思文閣出版、2001年
・石田孝喜『京都 高瀬川―角倉了以・素庵の遺産』思文閣出版、2005年
・織田直文『琵琶湖疏水―明治の大プロジェクト』かもがわ出版、1995年
・小野芳朗『水の環境史』ＰＨＰ新書、2001年
・十一代小川治兵衛監修『「植治の庭」を歩いてみませんか』白川書院、2004年
・平野圭祐『京都 水ものがたり』淡交社、2003年
・『「保」と「津」その歴史からみえるもの』亀岡市立保津文化センター、2005年
・淀川ガイドブック編集委員会編『淀川ものがたり』読売連合広告社、2007年
・京都市編『史料 京都の歴史（第16巻）』平凡社、1991年
・鈴木康久・西野由紀編『京都 宇治川探訪』人文書院、2007年
・名和又介・横山治生編『食の講座』コープ出版、2008年
・中山圭子『和菓子おもしろ百珍』淡交社、2001年
・辻ミチ子『京の和菓子―暮らしを彩る四季の技』中公新書、2005年
・堀越正雄『井戸と水道の話』論創社、1981年
・高谷重夫『雨の神―信仰と伝説』岩崎美術社、1984年
・岸元史明『平安京地誌』講談社、1974年
・鐘方正樹『ものが語る歴史８　井戸の考古学』同成社、2003年

あとがき

「京都の水」を訪ね歩き、話をお聞きし、文献を調べる。そんな繰り返しも十年が過ぎた。その中で面白い、不思議だと感じたことを記したのが本著である。特に、これまでに語られることがなかった視点を重視し、江戸時代の図絵、約百年前の絵はがき、現在の写真を用いて分かりやすく説明するように心がけた。

名水が中心となるのは、ついつい井戸が語る物語に耳を傾けてしまうためである。水道が普及して半世紀。日々の暮らしで「水」を感じるのは、蛇口から排水口までのわずかな時間しかない。利便性を追求した結果がもたらす悲しい現実である。井戸から水を汲み、水の神に祈りを捧げた時代。民俗学者の柳田国男は、「龍王と水の神」と「川童祭懐古」で、「禊ぎの水、農耕の水、飲料の水」を水の基本として論じている。本著では、これに「遊覧の水、水運の水」などの新たな視点を加え、千年の都が育んできた「水文化」を論じてみた。都において水が、それぞれの時代の中でどのように捉えられてきたかを感じていただくことができれば、これに勝る幸せはない。

ギリシャの哲学者であるタレスが、「万物の起源は水」であると説いたのは紀元前六世紀。このことを本著の執筆に際して御教授いただいた多くの方々に教えていただいたように思う。それぞれの分野に秀でている方は、物の本質を伝えられるのであろう。この場を借りて本著を執筆するに当たり御指導いただいた多くの方々に御礼を申し上げたい。

さらに、『日本の老舗』での連載の話をいただき、二〇〇六年十月から四年にわたる連載を本著として世に送り出していただいた白川書院の編集長の山岡祐子氏、本著の構成および校正をしていただいた渡部紀子氏、連載の担当者である住山千晶氏には感謝の気持ちで一杯である。多くの方々に支えていただき発刊できた本著が、新たな水文化の創造に繋がることを願ってやまない。

二〇一〇年 初秋

鈴木 康久

●著者略歴
鈴木 康久（すずき みちひさ）
京都府出身。愛媛大学大学院農学研究科修了。京都府職員。京都府立大学大学院公共政策学研究科非常勤講師。水文化研究家。カッパ研究会世話人。琵琶湖・淀川流域圏連携交流会代表幹事。NPO法人子どもと川とまちのフォーラム世話役、他。編著に『もっと知りたい！水の都　京都』『京都・宇治川探訪』（人文書院）、共著に『日本とアジアの農業・農村とグリーン・ツーリズム』（昭和堂）、『食の講座』（コープ出版）、『京都クロスポイント』（宮帯出版）など。

＊本書の売上の一部は、（公財）京都地域創造基金を通じて「母なる川・保津川基金」に寄付され、保津川流域を守り育てる活動に使われます。

水が語る京の暮らし —伝説・名水・食の文化—

2010年10月22日　第1刷発行
鈴木康久　著

【表紙・扉デザイン】
鷺草デザイン事務所　尾崎閑也

【地図作成】
新治晃

【制作協力】
エービック

【印刷・製本】
亜細亜印刷株式会社

【発行者】
山岡祐子

【発行所】
株式会社 白川書院
〒606-8221
京都市左京区田中西樋ノ口町90
電話　075-781-3980
FAX　075-781-1581
振替　01060-1-922
URL　http://www.gekkan-kyoto.net/

ISBN978-4-7867-0061-3　C0025